神祕富商的
「踏實」致富術

Brief Counsels
Concerning Business

……的箴言，
……的關鍵！

勇於嘗試失敗
適當表達妥協
平衡人際關係

勤奮努力，精神飽滿，服務上帝。　　　　　年邁的富商 著

Diligent in business, fervent in spirit, serving the Lord.　　秦搏 譯

時間分配 × 人際關係 × 情緒管理 × 目標法則
商場前輩打滾多年的經驗，職場小白不學起來怎麼把理想變現！

目錄

目錄

目錄

序言

　　對於有志從商的年輕人而言，如何掌握自己的商務生涯是一個極為嚴肅而複雜的話題。身為這個話題的決策顧問，筆者深感責任重大。要為這些年輕人的商務生活諫言進策，絕不能想當然地信口開河、亂說一氣。筆者希望，這些建議和原則不但能夠引導年輕人有效地管理好自己的生活，從而獲得事業上的進步和人生的成功，而且還能夠指引他們追尋更高的人生境界，使得自己的人生變得更有價值、品格更高。建立高尚的人生目標，會讓人的內心更為純淨。俗話說，近朱者赤，近墨者黑。如果一個人在商業圈烏煙瘴氣的消極氛圍裡長期耳濡目染，那麼他的靈魂就會提前衰竭死亡，他的精神就會變得孱弱無力。希望這本書能夠在為你建立高遠的人生目標、幫助你獲得事業成功的同時，也能夠啟發引領你人生的其他方面，使你的整個人生都沿著一條富於智慧、充滿快樂的道路前行，提升你人生的綜合品格。

　　本書中的建議和方法都是作者畢生經驗的核心和精華，是長期實踐和思考的累積與總結，因此筆者殷切地希望這些建議能夠得到採納和運用。如果你希望透過自身努力獲得事業上的成功，用意志力和勤勉的工作贏得人生的輝煌，但是在事業前進的道路中卻因為缺乏指引而躊躇彷徨，或者由於缺乏良好的

序言

先天條件而裹足不前，那麼本書將是您的不二選擇。

如何掌握好自己的商務生涯，這是個十分嚴肅的問題。因此，怎樣才能在這個問題上給予年輕人一些啟發和建議，顯得責任重大。因為這個問題不僅涉及面廣，而且異常複雜，所以筆者每次動筆之前都會深思良久。筆者深知，智慧之語只有適逢其時才能讓人醍醐灌頂、明辨是非；反之，若是在不合時宜的情況下說出一些愚蠢的話來，只能誤人子弟、害人匪淺。因此，本書中所提的建議和原則都是經過作者深思熟慮與反覆權衡的。

在日常工作中，領導者們總會為企業和公司制定某種「標準」以供工作人員參考。毫無疑問，這是一種極為有效的管理手段。雖然人們不可能在工作中做到盡善盡美，但是由於這種「標準」的存在，人們的整個工作就有了最高目標和評判的量尺。有了這種「標準」，無論是手藝工人和技術人員，還是科研工作者，在這種目標的驅動下都會少犯許多錯誤。同樣，為了能夠保證本書中的方法和原則正確無誤，作者也採用了這種方法。也就是說，只要我們能夠找出某種正確的「標準」，然後圍繞這個「標準」來選擇原則和方法，那麼我們就不會誤入歧途，從而避免犯下重大的錯誤。反過來說，我們也能夠使用這個「標準」來考察和檢驗上述原則正確與否。實際上，這個所謂的「標準」就是有史以來最富於真理性的《聖經》。在本書的扉頁中有這樣一句引言：「事業的成功來自於勤勉的工作、虔誠的靈魂以及忠

於主的生活態度。」這句話就出自於《聖經》。同樣，在撰寫本書的過程當中，每當筆者出現顧慮和疑惑，因而徘徊不前時，就會訴諸《聖經》尋求答案。

正是有了這樣的理論基礎和評判標準，你盡可以信任本書中所給出的所有準則和方法。《聖經》是先賢為人類留下的寶貴精神財富，如果你能夠尊重《聖經》及其箴言，那麼你就會發現，閱讀這本書絕不是浪費時間。這本書中的所有行事準則和人生道理都無一例外地源於《聖經》的啟示，因為《聖經》中關於人生的標準是至高無上的，所以本書同樣會讓你受益匪淺。

與成千上萬獲得事業成功並且實現自己人生理想的人一樣，筆者堅信，《聖經》是商務人士最佳的行事標準和處世原則。從這一點上來說，我們甚至可以把《聖經》看作一部包羅萬象、無所不能的商業寶典，無論是那些數不勝數的事例，還是筆者的一些親身經歷都能夠證明，《聖經》所蘊涵的普遍真理放之四海而皆準。這一信仰不但能夠指引我們創造出美好的明天，而且能幫助我們在這個充滿疲憊和令人憂慮的世界中找到一條通向光明的道路。透過多年積極的摸索和累積，透過與世界各地商界人士的交流和探討，透過這些年來的親眼所見和親身實踐，筆者堅信，《聖經》不但是一種能夠為我們指引方向的精神信仰，更是一種能夠幫助我們解決實際問題的處世原則。

出版這本書的目的不僅在於為那些初涉商場的創業者提供最簡單、最直接的學習資料，為那些剛剛從事商務工作的年

序言

輕人指點迷津，勾畫指導性的事業藍圖，同時，作者也衷心希望，這本書同樣能夠為那些資深的商業領袖們帶來某種啟發和靈感，從而更加關注自己企業的員工，提升他們對企業的責任感。我們認為，如果你已經事業有成，那麼你一定不會滿足於讓自己的下屬和員工僅僅為了果腹糊口而工作，你一定已經開始關注怎樣才能讓他們在工作中發揮最大的主觀能動性，從而更加高效地創造財富，實現他們的人生價值。你一定希望自己的員工能夠以最高尚的原則為目標，並且獲得自身的成功。因此，如果你能夠參照這本書中的原則與標準，那麼你的員工和下屬就能避免犯下大錯。如果你能夠抱著這樣的目的來閱讀這本書，那麼你一定能夠獲益良多，並且從中得到許多寶貴的建議和啟發。

「如何掌握商務生涯」是一個包羅萬象而且極其複雜的主題，我們很難對其進行精確的分門別類，因此在下面的章節中，本書並沒有採用教條式的框架和系統性的結構來闡述。但是，為了便於讀者進行學習和討論，我們盡可能將其劃分成了若干章節，以供讀者參閱。

這本書不僅讓筆者的經驗和感悟有了一個可供展示的平臺，同時也讓那些對年輕人的建議和告誡有了一個充滿智慧的載體。本書的作者和讀者朋友們素昧平生，但是這本書卻在我們之間架起了連繫的紐帶。希望筆者這些管窺蠡測的淺見，能夠引領那些年輕的腳步走向輝煌的道路，獲取事業上的輝煌，

求得內心的安詳。總而言之，對於時下的年輕人來說，筆者能夠給予的最好建議就是：在認真閱讀本書的同時，切莫忘記親身實踐的重要性，並且採用《聖經》中的最高標準來檢驗這些原則正確與否。與此同時，你們不妨舉一反三、推而廣之，不僅要將這些原則運用於自己的事業當中，而且要進一步將其運用到生活的方方面面。如果你能夠始終以這些最高標準為目標，並且以此來約束自己的為人處世，那麼你就一定能夠擁有美滿幸福的一生，這才是人生最大的成功。

序言

第 *01* 章　制定明確的人生目標

　　如果一個人對任何事情都三心二意，那麼，他就只能浪費掉自己本已十分寶貴的時間，並導致最後一事無成。就成功而言，除了堅定不移地朝著設定的目標努力奮鬥外，再也沒有其他的辦法能令你輕鬆實現它。

　　在漫長荏苒而又波瀾起伏的商業生涯中，我所見過的那些商界成功人士，無不是在創業初期就確立了明確具體的「人生目標」。換句話說，只有那些下定決心朝著某個目標努力奮進，並且為了自己的理想孜孜不倦、鍥而不捨的人，最終才能獲得成功。

　　然而，並不是所有的成功人士都具備深思熟慮與敏銳善察的特質，也並不是所有有為之士都能夠靜下心來去分析自己的生活準則。因此，當我們問及其中的一些人，除了其他更高層面的事項之外，什麼才是能夠保證事業上取得成功最為重要的因素？他們往往不會立刻想到確立目標的重要性。但是，如果進一步具體詢問他們對制定目標的看法，他們一定會異口同聲地表示：確立目標對商業活動中的任何工作都有著舉足輕重的實際作用。對於這一點，許多有識之士都表達過同樣的看法，正如我所熟悉的一位朋友曾經說的那樣：

　　「如果不是在年輕的時候就下定決心要有所作為，並且堅持不懈地為之努力奮鬥，我根本不可能取得今天的成就。試想，如果我對什麼事情總是三心二意，那麼我不僅會浪費自己寶貴的時間，而且到頭來還會發現自己學到的只是一些毫無用處的東西。我根本沒有時間可以浪費，因此我必須將所有的時間投入到那些已經『下定決心』要去做的事情上。一點也沒錯！除了堅定不移地朝著自己的目標努力奮鬥以外，沒有別的辦法能夠讓你獲得成功。如果我總是為了各式各樣的事情而朝三暮四，那麼我就會像那些遊手好閒的懶人一樣，最終變得窮困潦倒、一事無成。的確，你們說的一點也沒錯！如果沒有在創業之初就規劃好自己的職業生涯，我就不可能不畏艱險、矢志不渝，更不可能取得任何成就。」

　　可以說，上述觀點即使不是所有成功人士的想法，至少也是大多數商場菁英的共識。對於年輕人來說，必須儘早下定決心，確立自己的人生目標，並且選定自己的事業方向。當他們學會明辨是非之後，越早確定目標，就越早受益。因此，年輕人在作出重大的人生抉擇之前，不妨略微花上一些時間好好思索一下，這看似延誤了人生的腳步，實際上卻會讓他們獲益匪淺。反之，有些人總是倉促作出某種決定，但是卻處處淺嘗輒止，這種做法無異於親手扼殺了成功的希望。對於這些人來說，要想有所作為，他們就必須從漫無目的的日子中翻然醒悟，並且徹底擺脫這種生活方式。

一旦確立了自己的人生目標，我們就應該朝著這一理想勇往直前、奮鬥不息。也許這一目標我們窮盡畢生精力也難以實現，也許它只是一個微不足道的短期目標而已，然而較之於那些漫無目的、毫無計畫的所謂「最佳員工」來說，它卻會讓我們收穫更多。一個人的工作能力應該關注那些更為高尚、更加篤定的事情。在朝著自己的人生理想邁進時，我們應該時刻提醒自己確立工作目標，以免偏離航線。對於那些明智的年輕人來說，既不應該盲目樂觀、好高騖遠，也不應該指望好運而僥倖成功。反之，他們應該確立遠大的志向，即使自己最終沒有達到預期的目標，他們也會時時刻刻受到希望的鼓舞，在自己事業起步的艱難階段躊躇滿志，奮力前行。如果能夠聽到勝利的鐘聲在前方召喚，哪怕這種鐘聲只是在自己的想像中依稀可辨，也會讓他們備感歡欣鼓舞。

　　如果我們能夠做到實事求是、腳踏實地，我們就不會盲目樂觀、好高騖遠。一個人要想有所作為，就不可避免地會遭遇這樣那樣的挫折，然而正如古代先哲所言，如果你在失意的時候仍然能仰望星空、心懷夢想，那麼這種暫時的不幸就不會影響你的成功。誠然，抬頭仰望要比低頭匍匐好得多，當我們仰望星空時，至少能夠遠離塵埃與泥濘，呼吸到更為清新的空氣。然而，這一切都必須源自合理的人生目標，因為無論多麼遠大的抱負，都必須做到切合實際、審慎明智、客觀公正。正因為如此，很多人才將遭遇困厄視為前進途中最有價值的人生

經歷。因此，在面對困境時，我們應該敞開心扉，勇敢地接受它的洗禮。

要想在商業活動中取得成功，除了不懈努力以外，還有一種人們稱之為「機遇」的東西。

「機會是可遇而不可求的，只有上帝才能賜予我們。」

對於年輕人來說，所謂機遇乃是一種人力難以控制的外部因素。無論是吉星高照還是命途多舛，我們都只能默默接受。然而，除了怨天尤人以外，我們還能夠利用自己的智慧去化解不幸，從而獲得勝利女神的垂青。如何善用機遇並且從中獲益，只能透過親身實踐才能領悟。儘管這些經歷有時候會十分痛苦，但是對於年輕人來說，只要他們能夠從中吸取教訓，那麼這些磨難就會讓他們受益良多。實際上，一個人所經歷的痛苦越深刻，他所獲得的教益也就越寶貴。

第 *02* 章　培養良好的記憶力

　　一個人不會比別人缺乏更多的能力，但他可能比別人缺乏更多的努力。在人生和事業的旅途中，更多的努力總是更多的能力的基本前提。所以，但凡覺得已不如人的人，都必須捫心自問：我真的刻意地去努力了嗎？

　　正如我在前面所提到的那樣，有些年輕人會認為，對於一個商人來說至關重要的一些習慣是無法在後天養成的，但是沒有什麼比這種觀念更能桎梏年輕人的發展了。一個在日常生活中丟三落四、顧此失彼的年輕人可能會說這是因為自己的記性太差了，並且理直氣壯地將此作為一個無可辯駁的理由為自己開脫。但事實上，諸如記憶力強、有條不紊這些能力，完全可以透過系統的訓練加以培養，因此，凡事都為自己的錯誤尋找藉口只會不斷阻礙自己的進步，從而適得其反。

　　在我所知道的「記性不好」的人當中，幾乎所有的人都曾因為自己的記憶力不如他人而感到遺憾萬分。他們總是認為，自己丟三落四的習慣是先天差異造成的，所以後天無法補救，並為此而感到痛苦消沉、怨天尤人。在日常生活中，只要是稍微有些觀察力、偶爾會總結反思的人，即使是那些初涉商場缺乏人生閱歷的年輕人也一定會承認，迄今為止有好幾次重大的意

外事件，都是由於自己的遺忘造成的。他們或者是忘記某個至
關重要的約會，或者是沒有履行某個言之鑿鑿的承諾，總之，
由於一時疏忽大意，他們忘了去做自己本該要做的事情，最終
造成了難以彌補的損失。這些失誤或者是讓他們失去很多機
會，或者是給他們的生活帶來了極大的不便。許多犯過這些錯
誤的人，都曾經為這些由於遺忘而造成的惡果感到痛心疾首、
後悔不迭。然而，正如諷刺作家彼得·品達所說的那樣，「最終
除了遺忘，他們什麼都不記得了」。大部分人都將這些意外歸
咎於自己「記性太差」，但是在失落和悔恨過後，他們並沒有去
認真反思這些失誤背後更深層的原因，有些人甚至認為根本沒
有必要進行反思。在這些人看來，與其花費工夫去完成某件事
情，還不如乾脆忘掉來得好，因為這麼做的好處就是，一旦大
家都認為他們是一些「不長記性」的人，人們就會很難信任他
們，更不會對他們委以重任，這對他們來說既輕鬆又愜意，何
樂而不為呢？這些人不僅滿足於自己不思進取、庸庸碌碌的工
作狀態，依靠僥倖和投機過日子，而且做一天和尚撞一天鐘，
總是左支右絀、錯誤百出。每當他們犯錯的時候，就必須有人
前來補救，將他們從最糟糕的狀況中解脫出來，替他們彌補過
失。儘管每次他們都能夠化險為夷，但是卻苦了他們身邊的
人。久而久之，這些言而無信、丟三落四的人就會想當然地得
出這樣一個結論：我根本沒有必要讓自己長記性，反正一個人
的記憶力是沒有辦法改進的。因此，每當有人勸他們制定一個

清晰明瞭的工作計畫時，他們就會理直氣壯地加以反駁說，有些人天生記性好，而我天生就記不住事情。最後，這種藉口就連那些勸誡他們的人也感到無話可說。日復一日，這個極端錯誤的觀念就會在那些所謂「記性不好」的人的腦海中變得根深蒂固，不僅那些曾經勸告過他們的人會對此緘口不言，而且他們的身邊也會被那些持有相同觀念的人所包圍。他們相互作用、彼此影響，對於「記憶力無法提升，我們只能聽天由命」的觀點越來越篤信不疑。而且每當工作出了什麼差錯時，他們就會以此為藉口自我安慰。

也許有人會說，有些人的記憶力天生就比其他人好，他們一目十行、過目成誦，我怎麼可能趕超的了呢？的確，不得不承認，人與人之間確實存在著個體差異。但是，我們也不能因此而忽略另一個事實：如果其他心智慧力都可以透過正確有效的培養在後天養成，從而使得一個人的整體智力水準得以全面提升，那麼記憶力自然也不例外。從這一點出發，我們又怎麼能將記憶力排除在外，認為它與生俱來，無法改變呢？假如不是因為我們每個人都擁有著強大的記憶力，假如不是因為我們的記憶力可以不斷改善與提升，那麼我們又怎麼能透過學習獲取任何一個領域的知識呢？眾所周知，就連「填鴨式」的教育模式都能讓我們從中受益。由此可見，我們的記憶力每時每刻都在不斷發展。正是因為有了記憶力，我們才能夠讓知識在自己的腦海中長久地儲存，否則我們就永遠不可能說自己真正「掌

握」了某種知識。假如我們能夠利用記憶力去掌握各式各樣的學術知識，當我們把記憶用於普通的商務生活中時，我們又怎麼能想當然地認為自己的失誤是出於記性不好呢？這個問題看似複雜，其實可以一言以蔽之：對於正常人來說，沒有哪個人的記憶力天生不好。反之，只有那些經常放縱自己記憶力出錯的人才會被記憶力所戲弄，成為「記性不好」的犧牲品。事實上，那些認為「忘記某事或者記不清楚在所難免」的人最容易犯錯誤。因此，只要我們下決心，不斷告誡自己不讓記憶力隨便出錯，我們就可以避免丟三落四的缺點，從而確保自己能夠取得成功。

　　然而，儘管我們能夠改善自己的記憶力，但這並不意味著就可以不勞而獲。誠然，一個人的記憶力可以得到改善，但是必須付出努力加以練習，這才是問題的關鍵所在。幾乎所有的訓練都會或多或少地使人痛苦，也會在不同程度上讓人感到厭倦。因此，要想建立一個良好的習慣，不僅要克服自己的厭倦，讓自己忍受束縛之苦，還要不斷抵制原有的壞習慣，從細節做起，建立起一系列行為準則，並且堅持將其付諸實踐，從而避免自己積習難改。這些都需要我們堅持不懈、持之以恆。離開了艱苦努力，即使是再行之有效的計畫，哪怕設計得再完美，考慮得再周詳，最終也會喪失作用，讓我們在成功之前就半途而廢。因此，我希望你能夠系統地採用某種方法來培養自己的良好習慣，循序漸進、由淺入深。在這個方法中的每一個

練習環節都應該做到承上啟下，不僅能夠進一步鞏固此前的練習，同時還可以為此後的練習作鋪墊。如果你能夠進行這樣的系統練習，那麼日復一日，你克服壞習慣的信心和意志力就會逐漸增強，眼前的困難也會逐一瓦解。成千上萬的事例可以證明，在一個人下定決心要改變自己壞習慣的初始時期，他戰勝困難、抵制誘惑的意志力也最為薄弱，但是隨著個體的不懈努力與練習的不斷深入，這種意志力就會不斷得以增強。鐵匠打鐵就是這個道理：一個剛剛開始打鐵的鐵匠會在第一次掄錘時感到重似泰山，所以很難舉起鐵錘，但是久而久之，隨著每天反覆操練，鐵匠的胳膊就會變得像鋼鐵一樣堅硬，當他再次鍛鐵的時候，鐵錘就會變得輕若鴻毛，彷彿不費吹灰之力就能夠舉起。

　　因此，要想糾正自己丟三落四的缺點，有很多行之有效的方法。只要我們堅持運用這些方法，原本粗枝大葉的「健忘症」就能變成井井有條的「好記性」。就拿我自己來說，對那些所謂的「培養記憶」的方法我向來都不屑一顧，因為它們不過是一些缺乏科學根據的騙人把戲。比如說，有人曾經宣稱，如果想要記住一件重要的事情，你可以在手帕上打個結，從而提醒自己記住這件事情。對於這種方法除了付諸一笑，我們不會再有其他奢望。無數的事例都能夠證明，這種方法實際上只是「揚湯止沸」，因為想要記住某件事情，你就得時刻記住那個繩結的存在。然而實際上，對於那些健忘的人來說，就連繩結他們都會

忘得一乾二淨。曾經有人對這個方法深信不疑，可是當我看著他們坐在火爐旁邊，昏昏欲睡地解開手帕上的繩結時，我總是不由得莞爾一笑。當他們解開繩結的時候，恐怕早已完全想不起來自己是什麼時候繫了這個結，更不用說能夠想起自己為什麼要繫這個結了。對於健忘這一頑疾，還有人建議說：「把要記的事情寫進備忘錄就不會忘記了。」

「是啊！真的呢！」那些健忘症患者一邊讚嘆，一邊說道。「不過，誰來提醒我去看備忘錄呢？或者，就算我記得去查看備忘錄，又有誰會在某一個特定的時間之前提醒我去查看呢？如果等到這件事情過後我才想起來要看備忘錄，那就一點意義都沒有了。」

把事情寫進備忘錄，以此來治癒健忘的頑疾，這似乎是一種廣為流傳的方法。可是從以上對話可見，這種做法同樣顯得十分可笑。實際上，只有依靠理智和自律對自己進行有效的克制，我們才能夠真正戰勝習慣性的健忘行為。我曾經有這樣一位朋友，在他的整個商業生涯中，都表現出了驚人的記憶力。對於約會的時間，他可以精確到分鐘，而且從不遲到。他不僅能夠流利地說出自己曾經參與的所有商業活動，也能夠熟練地列舉出眼下正在進行的商業項目，還可以有條不紊地規劃未來的商業計畫。對於日常工作的細節，他更是過目不忘、信手拈來，這讓周圍的同事朋友感到十分羨慕。但他卻告訴我，當自己還是個實習生時，他的記憶力曾經糟糕到了極點。有一次，

他的父親在餐桌上告訴他要去做某件事情，但是等他走出家門口時，他就已經忘記了自己要去做什麼。在實習開始幾週以後，他對自己的健忘感到痛苦不堪，身為一個善於思考和反思的年輕人，他清醒地意識到，假如自己繼續這樣丟三落四，不僅難以實現自己的雄心壯志，只怕就連養家糊口都很難做到。這位朋友的媽媽在他的眼中是「世界上最好的媽媽之一」，對兒子的處境感同身受。在他最絕望的時候，他的媽媽給予了他無私的幫助。因此他暗下決心，一定要徹底改掉健忘的缺點。久而久之，不但再也沒有人說他丟三落四，而且人人都對他的好記性讚不絕口。除了其他行之有效的方法以外，最讓他有所感受的一個辦法就是，對於那些應該做到而又容易遺忘的事情，每當他想起來的時候，無論這件事會給他帶來多少麻煩，無論他的內心有多麼不情願，他都會強制自己立即完成。即使在他想起這件事情時日程表已經安排就緒，實在無法抽出時間去完成這件事情，他也會在自己完成那些事項後的第一時間，立即著手去做那件曾經被自己擱置的事情。

　　無論是在他坐下來稍事休息，還是閱讀餘興未盡時，只要突然想起自己有件事情忘記去做，他都會強迫自己立即起身，儘快完成這件事情。在剛開始的時候，對自己進行強制性命令是必不可少的步驟。有些人可能會認為，即便是為了培養自己的自制能力，也沒必要這樣大費周章。但是我的這位朋友卻發現，正是由於自己每次都不吝付出時間和精力去彌補那些沒有

記住的事情，這種得不償失的行為反而讓他的記憶力受到了良好的刺激，從而變得異常活躍。這些看似浪費時間的行為很快就讓他明白，必須在原定的時間做計畫好的事情，否則就可能要花雙倍的時間進行補救。他告訴我，不管怎樣，這種強制性的練習很快就讓他記住了一個教訓：只有用腦子記住該做的事情，才能讓自己免受奔波之苦。透過這樣的練習，並且不斷加以檢討和反思，久而久之，就好像形成了某種條件反射一樣，他不得不控制自己的記憶力去完成腦子裡記下的事情。每當必須記住某件事情時，他的身體就彷彿在對自己說：「看吧！老朋友，你一定知道必須在規定的時間做好該做的事情，否則就得費盡心思去彌補，這簡直是在自找麻煩。你想想，每次舒舒服服休息的時候，卻突然想起來有件事還沒有做，就必須很不情願地爬起來去工作。不管喜不喜歡，都必須為了自己的健忘付出艱辛的代價，所以總是決得很累。實話告訴你，我一點都不喜歡這樣。難道你就不能好好地把該做的事情都記住嗎？你必須要記住。否則我就會罷工，下次你再忘了做什麼事情，不管你怎麼催促，我都不動了！」

雖然這項練習實施起來不免艱辛，但卻不失為一個行之有效的方法。我的這位朋友最終成功地克服了健忘的缺點。不出幾個月，他就驚喜地發現，自己的記憶力得到了極大的提升。他就是堅持採用這個方法，同時輔以其他手段，比如我們此前提到過的一些方法，最終使得自己的記憶力超過了原先的預

想，同時還給自己的商業夥伴留下了深刻的印象。從此以後，雖然他每天仍然十分繁忙，小到當地的商業活動，大到整個英國乃至歐洲大陸的重大事務，近到每天的日常約會，遠到幾週以後的展覽，他都能夠將這些事項牢記於心。這些煩瑣龐雜的事情，對於一個習慣記備忘錄的人來說都顯得難以招架，可是他甚至連備忘錄都不需要。然而，即使是這樣，他不僅沒有忘記過一次約會，而且也從不會遲到。此外，他還將這種好記性帶到了自己的整個商業事務中去。舉個例子來說，由於他經常出差，所以必須經常攜帶許多檔案，為了能夠在短時間內整理好行裝，他在辦公室裡特別設置了一個抽屜，用於放置所有檔案及影本。在自己的家中，他也準備了一個旅行包，裝滿所有旅行所需的物品。每當他想起旅行中還必須攜帶某些其他物品或檔案時，無論他多麼不情願為了某件小事打斷自己休息，他都會立即起身找到這樣東西，然後和其他旅行物品一起放進抽屜或者旅行包裡。一開始的時候，這種行為的確讓他非常不快，但是，這種自制鍛鍊卻讓他產生了強大的記憶力，從此以後他就養成了有條不紊的習慣，讓他不僅能夠立即整理所有的旅行必需品，同時也養成了儘快儘早安排好工作日程的良好習慣。對於年輕人來說，要想做到在自己最不願意行動的時候立即行動，這似乎是一件很困難的事情，但是，正如我的朋友親身經歷的那樣，在他養成良好的習慣之後，迄今為止，除了在一次商務旅行時忘了帶一樣東西，他再也沒有出現過丟三落四

的情況。我相信，對於那些下定決心要改正自己健忘習慣的讀者朋友來說，這個事例一定是一劑令人振奮的強心針。

毋庸置疑，透過井井有條地安排工作中的各種事件和物品，這位朋友的頭腦也變得條理清晰，自己的記憶力也得到了有效的提升。他一直保持著這種分門別類整理物品的習慣，把所有東西都放在各自固定的位置。對於那些會經常用到的物品，他會把它們歸納統整，放在一個固定的地方，這樣的話，每當需要這些物品的時候，完全不用翻箱倒櫃地去尋找，既節約了時間，又節省了精力。

我們還可以列舉出許多諸如此類的例子，雖然沒有這件事例典型，但是同樣能夠達到令人滿意的效果。由於篇幅有限，這裡不再一一詳談。總而言之，上文所述的方法是值得採納的。對於那些下決心培養良好記憶力的年輕人來說，首先要找到一套既適合自己又行之有效的方法來控制自己的意志力。其次，在鍛鍊的過程中，絕不允許有任何一次的偶爾放縱或者下不為例，而應該老老實實地恪守自己制定的紀律。只有做到持之以恆，才能切實有效地將上述方法付諸實踐；也只有一以貫之，才能爆發出強大的自制力，幫助你克服困難，戰勝懶惰和倦怠，最終戰勝自我。除此以外，沒有任何更好的辦法。離開了自我控制和嚴於律己，即使是最好的靈丹妙藥，也終將毫無用武之地。古語說，狹路相逢勇者勝，只有像滑鐵盧戰役中威靈頓將軍一樣，衝鋒陷陣、破釜沉舟，在面對勁敵時英勇頑

強，面對困難和誘惑時殊死抵抗，才能夠攻無不克、戰無不勝。在克服健忘、培養良好記憶力的過程中，如果你已經做到了以上各條，那麼恭喜，這就意味著在這場對抗健忘和遺遺的戰役中，你已經勝券在握了。如果你仍舊懷疑為了培養記憶力是否值得付出這麼多，那麼有一點毋庸置疑 —— 良好的記憶力會帶給你無限的機遇和極大的便利。因此在這個過程中，努力和艱辛是必不可少的。在這場意志力的鏖戰當中，你不得不付出必要的時間和精力，甚至要犧牲自己的休息和娛樂，但是在你取得這場戰爭的勝利之後，你就像是從戰場上凱旋的士兵，所有的創傷都會變成一種充滿榮耀、令人敬畏的紀念，是你曾經艱苦奮鬥和自我犧牲的證明，而慘不忍睹的創傷最終將被勝利的桂冠所取代。當戰火的硝煙散盡、凱旋的號角響起時，你將會為自己的勝利感到歡欣鼓舞，而此時此刻，你曾經付出的一切都是值得的。

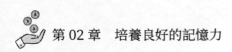 第 02 章　培養良好的記憶力

第 *03* 章　工作要有系統和條理

　　我們的工作之所以具有價值，是因為它需要我們付出相應的時間和精力。因此，如果能夠節約自己的時間，就等於是在創造價值。細觀周圍的成功人士，他們無一例外地能比別人創造出更多的價值——因為他們無一例外地具有較強的系統性和條理性。

　　如果有人問我，事業成功的第一要素是什麼？我會毫不猶豫地回答，條理和系統。如果他繼續追問，第二要素呢？我仍然會說，條理和系統。那麼第三要素呢？毫無疑問，還是條理和系統。這樣回答並非筆者有意誇大其詞，而是旨在強調條理和系統在個人工作中所占據的絕對地位。從本質上來看，條理性和系統性密不可分，因為有了條理，才能夠做到系統，而要想系統地處理工作，就必須首先理清順序。為了達到最佳工作效果，我們必須在任何情況下都做到條分縷析，區分工作的輕重緩急，並且系統性地逐一解決每項問題。英國有句古語說：「萬物皆有定所。」在生活節奏如此迅速的今天，很多人對這句話不屑一顧。然而，這句古語卻充分體現了商務生活中一個至關重要的原則。古詩亦有云「蒼穹之下，萬物有序」，這也是對這一原則的最佳詮釋。可見這一觀念貫通中西，由來已久。

　　無論是近在我們身邊，還是遠在異國他鄉，有不計其數的事例都可以證明，經營管理首要的因素就是條理和系統。只有企業中的每個部門都做到秩序井然，整個企業才能實現有效的經營和運作。建立起一時的秩序並不難，難的是長期保持和維繫。這也難怪，對於一個企業來說，其成功絕非一日之功，需要所有員工年復一年堅持不懈的艱辛努力。同樣道理，假如日常工作中的條理和系統都有始無終、朝令夕改，那麼企業就難以按照正確的軌跡實現持續進步和長久發展。即便如此，仍然有許多自以為是的年輕朋友對我說，按部就班、謹小慎微完全就是一副優柔寡斷的女子作風。在這些年輕人看來，他們自身的智慧和天賦已經足夠為他們找出最佳的奮鬥途徑了，無須在其他方面下苦工夫。至於條理性這個問題，他們也執意認為，自己有比擺放物品和安排工作更加重要的事情，這種「只有家庭主婦才會考慮的問題」純粹就是浪費時間。就是在這一思想的驅使下，這些年輕人在工作時常常虎頭蛇尾、有始無終。原因何在？就在於他們完全忽略條理性原則，想起什麼就去做什麼，沒有任何計畫或安排，於是便不停地從一項任務跳到另一項任務，最後一件事情也完不成。他們的桌子上到處堆滿了各式各樣的檔案，彷彿只有這樣浩大的聲勢才能彰顯出他們的才能。在他們眼裡，只有那些安分守己、呆頭呆腦的傢伙才會一件一件地去完成自己的工作。

　　那些內心輕飄、情緒浮躁的「天才」往往對工作中的系統

性和條理性嗤之以鼻。在他們看來，這都是一些婆婆媽媽的習慣。他們總是認為，就算自己按照條理和系統原則做事，將工作安排得有條不紊，也不一定能從中獲得任何實際的經濟利益。他們秉承這樣一個「真理」：沒有什麼比賺錢更為重要。因此，只要是他們一眼看不到金錢收益的付出和努力，他們都概不理會。然而，無數的事例都向我們展示了這樣一個顯而易見的事實：「有條不紊」和「生意興隆」之間存在著不可分割的必然連繫。每當我向他們提及這一點，他們都會陷入沉思，變得無言以對。我的另一些朋友時常告訴我，他們之所以每年能節省下大量的時間，正是因為他們養成了有條不紊處理工作的良好習慣，而這些節省下來的時間，就是一筆難以估量的財富。商場如戰場，效率就是一切，雖然人們隨口就能說出「時間就是金錢」的箴言，但是仍舊有大部分人工作缺乏條理和系統，他們總是必須花費更長的時間，付出更大的代價，才能真正體會到這一人所共知的道理。他們認為按部就班毫無必要，但是卻忽視了有條不紊地工作將為自己節省大量時間，而這些時間可以用於經營和管理，這兩者都能為商人帶來利益。讀者朋友們，從這本書中你一定能夠發現，條理和系統的重要性毋庸置疑。可是當我們真正面對工作時，這個簡單的道理又總是被我們拋之腦後。在實際工作當中，很多人會變得舉止盲目、行動慌亂，很快便把「時間就是金錢」的真理拋卻九霄雲外。至此，你不妨時刻告誡自己：我們的工作之所以具有價值，是因為它需要我

們付出相應的時間和精力。因此，如果能夠節約自己的時間，就等於是在創造價值。

　　如果說條理清晰能夠幫助個人提升工作效率，那麼這一習慣同樣也會成為企業成功的有力保障。企業是一個有機的整體，一個部門也是一個團體，無論其規模是大是小，團體的壯大都離不開任何一個員工的努力，企業的成功也是所有人共同努力的結果。所以，如果每個員工都能夠在工作中做到有條不紊，那麼企業的整體工作效率就會大大提升，所獲得的利潤也必然會成倍翻番。從企業工作的效率中，我們能夠最深刻地體會到「時間就是金錢」這個道理。不難想像，一個井然有序經營的企業和一個混亂無序管理的公司，前者必然更具有競爭力。讀到此處，細心的讀者一定已經注意到，上文我們同時提到了系統和條理，也不斷在使用「系統性」和「條理性」這兩組詞語，彷彿它們是兩個完全不同的概念一樣。誠然，這兩個概念的確有所區別，因為它們既不是同義詞，也不是近義詞，而是各有其意。「系統」著重於整體計畫，而「條理」則重在具體細節；前者強調的是如何完成一個綜合的工作過程，制定一個整體的工作規畫，後者則關注這一綜合過程中每個步驟的時間、地點以及其他細節問題。筆者身邊曾經有過這樣一個例子：一家大公司為其員工的日常工作制定了一個高效而科學的工作流程，但是由於總裁管理不善，這些工作流程只限於紙上談兵，員工們在日常工作中並未遵守。後來，這家企業聘請了另一位

經驗豐富的管理者，他對於工作條理重要性的認知則完全不同，不僅積極督促員工按照流程行事，嚴格要求員工在工作時必須條理清晰，還詳細設置了每一項工作的完成期限，讓所有事情都一目了然，具體明確。時隔不久，這家公司的營業額就迅速攀升。我們不妨再來看一下系統和條理之間的關係。如果想要自己的工作有條不紊，那麼你就必須制定一個系統的規畫，但是作出了系統性的整體規畫，並不意味著你的工作就能有序展開。實際上，我曾經遇到不少制定了系統計畫、卻缺乏條理的人，這些人對我的工作造成極大的困擾，很多時候我甚至不得不打亂他們所謂的「系統」規畫。

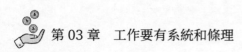第 03 章　工作要有系統和條理

第 *04* 章　做人要一諾千金

　　一個守信用的人，在人前人後一定會得到很多人的尊重、稱讚、親近和信任，順境時會有人交，逆境中會有人扶。相反，一個不守信用的人只會在社會上慢慢變得孤立無援。要贏在商界，首先就應努力做到守時、守信，這是成功之箴言，也是為商之根本。

　　對待「商業約定」，我們應該像對待書面法律條文一樣去嚴格遵守。如果一個人能夠做到言出必行，像履行自己簽訂的合約那樣去履行自己的商業約定，那麼他一定是個道道地地的謙謙君子。一份契約就是一個承諾，誰不希望別人心目中的自己是個恪守諾言、值得信任的人呢？然而也有這樣一些人，他們作出承諾僅僅是因為一時頭腦發熱，只不過隨口說說而已。因此，他們並沒有意識到承諾的重要性，他們的承諾也同樣毫無意義，就像寫在沙灘上的名字一樣，一旦遭遇潮汐或風雨的侵襲，它們就會被徹底沖刷乾淨，永遠消失殆盡。

　　一個人是否能夠信守約定，與他的道德品格息息相關。如果我們違背自己的約定，它就會給我們帶來良心上的負罪感，讓我們承受嚴重的後果，還要為此付出慘痛的代價。如果一個和藹可親的人違背了約定，我們一定會感到十分失望。在他們

的影響之下，可能會有更多的人變得出爾反爾、言而無信。我曾經見過一個平靜和睦的家庭，因為家人之間打破了日常約定而變得混亂不堪。同樣，對於做生意來說，一旦違反那些基於彼此的信任而建立起來的約定，就會無可避免地釀成嚴重的災難。對於那些不太了解的人，人們一般會有所防備，而真正令人防不勝防的，往往是那些與我們朝夕相處的人。毫無疑問，將信任交付一個與自己素昧平生的人，相信他會信守他所許下的諾言，這不僅必須冒著極大的風險，而且這種行為實則也極不明智。對於一個從未想過要違反自己諾言的人來說，他總是會從自己的角度出發，以自己的品格來衡量別人，認為別人也和自己一樣誠實正直，並且值得信任。然而，對於那些出於私人目的與別人訂立合約的人，他們所做的一切只會以一己私利為標準，所以只要不違背他們自己的利益，無論做什麼他們也不會覺得有失良心，因此，他們很容易就會為了一己私利而肆意違反約定。而此時，一旦有人說他們不守誠信、言而無信，他們不僅會對這種評價表現出意外和吃驚，甚至會認為自己受到他人的誹謗，顯出一副恬不知恥的無辜嘴臉，還假惺惺地表露出自己的氣憤。然而實際上，人們對這種人的評價卻不失公允。

商場上有句老生常談的名言：「時間就是金錢」。如果一個人拿走了他人的錢財就是偷竊，那麼一個人占用了他人的時間同樣也罪不可逭。我們有什麼權利去侵占別人的這個寶貴資源

呢？只要我願意，我可以隨意揮霍自己的時間，完全有權利去做任何想做的事情，但是我們沒有絲毫的權利去占用他人的時間，揮霍他人的寶貴財富。一般來說，一個從不願意與他人達成任一約定的人，極可能是一個自私自利的人，因為他從來不去考慮自己做的事是否會給他人帶來不便，他的眼裡只有一個「自己」，他所有的想法和願望也只圍繞著一個中心，即他的「自我」。這類人我曾經結識過不少，我也曾經嘗試著以一種寬厚的心態去信任他們，相信他們之所以違反約定是由於一時粗心大意，而不是出於一己私利。但是，日久天長，當我回想起自己與他們相處的前後始末，我不得不說，雖然從表面上看來，他們是因為一時疏忽而違約，但是實際上，他們真正的出發點的確是在於個人私利。從這件事情中，我們不難得出這樣的結論：浪費別人的時間是一種徹頭徹尾自私自利的行為，因為他們從不關心他人的利益，也不在乎自己的行為是否對他人造成了不便。

　　在所有的商業約定中，時間是一個至關重要的因素。因此，做到守時同樣重要。可以說，所有的成功人士都非常守時，無論他的約定是在一個月以後、半年以後甚至是幾年以後，他們都會像履行明天的約定一樣準時無誤。我就認識一個這樣的人，人們在談起他時會說：「要是某某人還健在的話總是言出必行，無論是天寒地凍還是大雪封路，即使是幾個月前的約定，他也一定會在約定的幾分鐘前提前到達約會地點。」在我

看來，一個絕不會耽誤他人五分鐘的人，同樣也不會違反自己
的諾言，更不會因為自己的個人利益而有意違約。事實上，也
只有這樣的人，才能最終獲得事業上的成功，而這最主要的原
因就在於他懂得這樣一個道理：浪費他人的時間就是謀財害命。
既然他們懂得尊重和珍惜他人的時間，那麼就會更加珍重自己
的時間，並且因此而嚴於律己，為了獲取更大的進步而不斷努
力。一個事業有成的商界人士往往更樂意與那些素養優秀的商
業夥伴為伍，因此不難想像，假如一個人能夠言而有信、恪守
時間，那麼就會有更多的人願意與他建立商業連繫，與他共建
良好的夥伴關係，那麼，他所得到的機會也就越來越多，事業
成功的機率必然也就大大提升了。

第 *05* 章　為人要克勤克儉

人們經常認為，節儉是指「省錢的方法」，實際上並不僅如此，節儉應解釋為「用錢的方法」。也就是說，怎樣把錢用得最為合理、最為有效，這才是真正的節儉。對於一個人的事業來說，養成節儉的習慣是取得成功的先決條件。

法國有句古語：每一根柴火都不一樣。這句話實則意在強調，連柴火這麼微不足道的東西都有好壞之分，有些容易點著，有些則很難引燃。既然如此，在我們討論「節儉」這個問題時，也會很自然地想到節儉這一概念，在不同的條件下也會有著完全不同的含義，有時候堪稱美德，有時候則是一種愚蠢的做法。因此，在從商過程當中，我們必須認清什麼情況下的克勤克儉是未雨綢繆，什麼情況下的過度節約是鼠目寸光。實際上，許多人並不清楚節儉和吝嗇之間的區別，並且因此犯下許多無謂的錯誤而得不償失。有人甚至因為錯將自私當做節儉而落入身敗名裂的下場，不但處處遭人鄙夷，而且永遠失去了成功的機會。誠然，節儉並不等於吝嗇和自私，如果一個人在力所能及的範圍內拒絕為他人提供必要的幫助，這完全不是節儉，而是道德淪喪的表現。更為糟糕的是，久而久之，這種行為就會讓你忘記，許多深陷困境的人之所以生活窘迫，只是因

為他們先天條件惡劣，缺乏我們所擁有的優良生存環境。而在這種情況下，如果我們仍然打著「節儉」的名號，一邊拚命地為自己積蓄財富，一邊對他人的求援置若罔聞，不願作出一丁點的犧牲和奉獻，這實在有悖人性的常理。

許多人會想當然地認為，節約就意味著省吃儉用、縮緊開支，把所有的錢財都儲蓄起來囤積財富。然而實際上，這種觀念不但大錯特錯，更會讓許多人深受其害。為什麼這樣說呢？凡是胸懷夢想的年輕人，在他們剛剛踏上事業的征程時，都應該立志高遠，拓寬自己的視野。他們不應只顧著看緊自己的錢財，而應該時刻謹記如何為旁人提供更多的服務和幫助，與他們攜手並進共渡難關，或者是如何為事業的成功尋找正確的道路，成為社會上真正的有用之才，只有這樣，他的言行舉止才會令人信服，他的成功才會勢在必得。反之，如果一個人只是一味地追求錢財、凡事錙銖必較，不願意為必要的事情付出分毫，不但會自貶身價，同時也會影響他人對自己的印象。因此，身為年輕人，尤其是奮鬥在事業初期的年輕人，一定要分清節儉和吝嗇之間的區別，以免成為錢財利祿的犧牲品。要知道，節儉並不只是意味著節衣縮食，它所包含的意義要遠比這深遠得多。

偉大的作家約翰‧羅斯金（John Ruskin）曾經創作出許多傳世佳作，他的整個一生都致力於實現一個崇高的目標：提升人們的道德修養，培養世人的高尚情操。在他看來，只有正確地

了解「節儉」的真正含義，人們才能夠對人生懷抱健康積極的態度。因此，他認為，「節儉就是對於時間和金錢正確的管理方式」。無論是過去還是現在，這句話都一點也沒錯。既然如此，我們就不得不探討一個事關重大的問題：對於時間和金錢，怎樣的管理方式才是正確的呢？什麼才是年輕商人應該採取的方式和舉措？毫無疑問，正確的方式只有一個。所以，為了找到這個獨一無二的答案，我們必須全面綜合多方面因素來思量考慮。身為一個熟諳《聖經》並篤信其真理的人，每每遇到疑惑和困難，羅斯金都會訴諸上帝的啟示以尋求答案，在節儉這個問題上當然也不例外。在〈箴言〉的最後一章，羅斯金找到了上帝對於節儉所做的說明。這一章講述了一個賢良的家庭主婦的故事，她不僅是「丈夫的驕傲和榮耀」，還是一個賢良淑德、勤儉持家的典範。上帝以她為例，對於何謂克勤克儉作出了詳細的詮釋。

　　年輕的讀者朋友，如果你們足夠細心，那麼你們一定已經從這個例子中找到了有關節儉的美德，找到了怎樣才能合理有效地管理時間和金錢的啟示。真正的節儉，是指當用則用，當省則省。也就是說，將所有時間和金錢用在刀刃上，而不是盲目地將所有錢財通通積蓄起來。不該省的省，該用的不用，這是吝嗇。因此，節省實際上並不意味著「省錢省時的方法」，而是「用錢用時的方法」。由此可見，無論你從事哪個行業，無論你處於何種處境，只要你能夠按照〈箴言〉中給出的指示，合

理地管理財物，有效地安排時間，正確地掌握「節省」，長此以往，成功一定志在必得。

在這一章裡，上帝為我們展現了一個栩栩如生、惟妙惟肖的家庭主婦形象。我們不妨可以設想，將這個普通的家庭比作一個龐大的企業或者一個公司，這位家庭主婦無疑就是整個企業或公司的領導者，她所表現出的敏捷幹練、靈活機智，就為如何「合理地管理時間」作了最生動、最具體的詮釋。時間就是金錢，因此，有效地節約時間就意味著為你帶來更大的經濟效益。然而，令人感到遺憾的是，許多年輕人在從商初期很難真正體會到這一真理。在涉及錢財時，所羅門筆下這位家庭主婦的楷模明確告訴我們，節儉並不是吝嗇和小氣，也不是節衣縮食。她視家裡的幫傭為自己的親人，從不剋扣他們應得的報酬，而且只要是力所能及的事，她都有求必應，給予他們最大限度的寬容和幫助。她總是設身處地站在他們的角度上思考問題，為他們著想，慷慨地給予他們足夠的生活必需品，從不怠慢他們。無論自己的家境是否富裕，她都竭盡全力為這些家庭成員置辦新衣，保證他們每天都能衣著得體。既然她不會剋扣傭人，就更不會放縱自己。她時刻都保持著乾淨整潔，身著紫色的絲質衣裳，這在當時的東方是最富有、最有品味的象徵。她把居室打掃得一塵不染、窗明几淨，並且用掛毯裝飾好整個房間，讓家裡看起來既富麗堂皇又溫馨舒適。她把自己的錢財全部用於裝飾自己的家庭。在她看來，家裡的傭人也是這個家

庭不可或缺的一部分，因此，對於那些為她工作的人，她同樣也心懷寬容，以禮相待。這位賢良的主婦，擁有一顆溫暖而憐憫的心，每當碰到那些身處困境、需要幫助的人，她總是毫不猶豫地伸出援手、慷慨解囊，並且從不希求任何回報。正是因為她這種高潔的品行，以至於她的整個家庭一直都其樂融融，從來都沒有因為貪財慕勢而變得自私和邪惡，所以，不僅她的孩子們都能健康茁壯地成長，而且她的丈夫更是對她讚不絕口。

　　然而，到底該採取怎樣的對策才能做到如她一般，在持家有方的同時保持這樣的高貴和慷慨呢？實際上這位主婦已經為我們提供了最好的榜樣，答案很簡單，那就是合理地安排和規劃自己的時間。在這個故事中，這位主婦的生活十分具有計畫性，從不允許自己浪費一分一秒，也十分善於挑選日常生活用品，「她用的是羊毛和亞麻。就像是乘坐商船採購的商人一樣，她總是從很遠的地方買回食物和衣服」。她做事目的明確清晰，「從不浪費時間到處閒逛」，因此也總是十分忙碌。在工作的時候，她勤勤懇懇、認認真真；在休息的時候，她心神安定、閉目養神。她的生活十分規律—— 日出而作，日落而息。無論是寒冬臘月還是炎夏酷暑，她都毫無例外地勤勉工作。因此，她磨練出了堅毅頑強的個性特質，也練就了精明幹練的行事風格。生活上的節儉、工作上的勤勉以及對於時間的合理安排，讓她產生了強大的自制能力，因此對於每一筆開支，她都會深思熟慮之後再作決定，總是在經過全面考察之後才進行投

資。她不會因為一時的衝動和疏忽而損失錢財，並且因此贏得了丈夫的寵信。經過謹慎思慮之後，她有選擇性地購置了一塊土地，並且在這塊土地上建起了一座葡萄園。在她的悉心照料下，葡萄園的收成一直很好，收益也持續見漲。再加上她擅長紡織，所織的布匹質地細膩、花樣精美，商人們紛紛向她求購，因此她從商人手上賺取了一大筆錢。

讀完這位堪稱楷模的家庭主婦的故事以後，我們不難想像，她一定頭腦十分清晰，凡事井井有條，能夠在決策之際作出正確的判斷，似乎一切都在她的掌控之下。所以，她才能讓自己的勞作變得卓有成效。〈箴言〉用簡潔而形象的語言稱讚她「開口便是智慧之言」，而且她從不出口傷人，因為「她的言辭都是出於善意」。我們幾乎可以肯定，這樣的女人會對自己身邊所有需要和依靠她的人慷慨無私、盡職盡責。她會對自己的兒女愛護有加，會對自己的丈夫忠貞不貳，會對前來尋求幫助的窮人慷慨援助。這一切正是源於這位主婦對上帝虔誠的崇拜和敬仰，而這種虔誠則培養了她高尚的品性。〈箴言〉的作者在文章末尾對這位婦人的成功經驗進行了如下總結，節儉「讓她勞有所得，讓她得到了應有的讚譽和獎賞」。

第 *06* 章　永遠要儲備一定的資金

　　但凡想要成功開創事業的人，在創業初期必須進行的首要任務就是原始資拳的累積，即存錢計畫，而且越早越好。必須學會未雨綢繆、居安思危、防患未然，否則一旦遭遇不幸，就只能任憑自己落入瀕臨絕境的地步。

　　未雨綢繆這一成語的含義眾人皆知，它一針見血地指明了居安思危的深刻道理。在風調雨順時囤積下來的財富和糧食，可能就會在大難當頭時發揮出遠遠超出其本身價值的巨大作用。同樣的道理，平時看似普通的積蓄，在關鍵時刻往往會變得至關重要和彌足珍貴。譬如蛋能孵出小雞，而雞又能生蛋，如果合理地加以利用，平時的累積就能產生更多的價值，循環往復，讓人不斷從中獲益。

　　即使是在最不理想的情況下，儲備一定的資金也是必不可少的步驟；因為這樣至少首先確保了情況不會變得更糟糕，更重要的是做到了有備無患，所以，商界人士都很重視儲備資金。無論是已經大獲成功的商界菁英，還是事業蒸蒸日上的商業人士，他們無不是在保證基本儲備資金充足的情況下，才開始走上自己的成功道路。在事業前進的過程中，他們不斷充實自己的儲備基金，謹慎且明智地將這些資金用於穩定的投資，

創造出更多的價值來，以此迅速拓展自己的事業。在創業之初，沒有哪家銀行會對他們的小額資金感興趣，但是，他們可以用這樣的方式建立起屬於自己的「儲蓄銀行」，經過一番妥善管理和悉心照顧，他們的「儲蓄銀行」就會成為自己事業發展最為有力的資金保障。然而，並不是所有人都能在事業初期就意識到儲備資金的重要意義。舉例來說，假如一個人能夠儲蓄一千英鎊作為自己的儲備資金，那麼這一千英鎊就成了一種固定資產，就算是在最困難的情況下也不能輕易動用，即使是僅僅從中抽取六便士，甚至一便士都不行。遺憾的是，很多人並沒有意識到這一點，他們往往會輕易動用這筆資金，甚至在某些時候毫不猶豫地將其揮霍一空，所以，這些人的事業最終只能以失敗告終。因此，想要獲得事業的發展壯大，就必須在創業初期積極進行資金儲備。反之，一旦違背這個世人皆知的道理，那麼成功就會成為鏡花水月。

切記，不要把自己的儲備基金和其他費用混淆使用。因為儲備基金之所以意義重大，並不是因為這筆錢財本身價值不菲，而是因為它蘊藏著我們事業發展的巨大潛力。當我們不幸落入困境或陷入絕望之中，這筆資金可以發揮出意想不到的作用。例如，在某些特定的危急情況下，這筆資金就無異於雪中送炭，不僅可以幫助朋友度過難關，甚至還能帶領自己脫離困境。月有陰晴圓缺，人有旦夕禍福，儲備資金最大的作用就是未雨綢繆，防患於未然。它既可以讓您在他人需要幫助時及時

伸出援手，也可以讓您在最危急的關頭進行自救。因此，無論是為了身邊的朋友還是為了您自己，儲存一筆可觀的應急資金，並且對其進行恰當的管理，都是必不可少的。

透過理智的投資，儲備基金可以創造出更多的利潤，但是如果管理不當，結果只會適得其反。舉例來說，古埃及人十分崇拜鱷魚，甚至連鱷魚蛋都會悉心照料，卻不知道這些蛋孵出來的是危害生命的怪物。同樣的道理，如果我們僅僅是出於貪婪和吝嗇而儲存資金，或是在盲目無知的情況下進行投資行為，那麼存錢的習慣無疑會滋生醜陋的品行，儲備基金的行為也會變成孕育罪惡的溫床。

可以想像，許多人對儲蓄都存有某種荒謬無知的想法。他們認為，如果自己的薪酬收入並不樂觀，或者其賴以生存的經濟來源並不足以保證他們優裕的生活，那麼他們根本不可能省下錢來進行資本累積。在他們看來，儲蓄的前提是豐裕的資金，想要進行儲蓄，首先必須要有足夠的錢財來維持當前優裕的生活。

然而，無論是誰，除非他一貧如洗、潦倒不堪，或者到了衣不蔽體、食不果腹的境況，否則就沒有任何理由不進行儲蓄。成千上萬白手起家的成功商人，都是在創業之初就開始一分一角地儲備屬於自己的第一桶金。他們幾乎都有一個共同的理念：只要還有收入，就必須從中取出一部分進行儲存。其實，他們所做的並非是什麼難事，任何一個人都可以做到，問題關

鍵在於你是否抱有這樣的決心和信念。我身邊就不乏這樣成功的例子，無論是腦力工作者還是體力勞動者，他們都沒有忽視原始資本的累積。其中有一部分人，因為在事業起步初期收入微薄，每月只能拿出很少一筆錢用於儲蓄，所以一年下來他們的存款額仍然微不足道。然而，這一行為的意義絕不僅僅在於存款本身，而在於讓他們養成了定期儲蓄、防患未然的良好習慣。這一習慣本身就能夠讓他們從中受益匪淺，因為只有培養良好的消費習慣和正確的理財原則，我們才能為獲得成功奠定堅實的基礎。

那麼，我們應該從什麼時候開始儲備資金呢？答案是越早越好。如果可能的話，不妨從第一筆收入就開始。法國有句諺語說，「萬事開頭難」，儲蓄也是如此。在累積資本的過程中，最困難的莫過於走出原始累積的第一步。要知道，從第一筆收入中拿出一部分錢財存進銀行，這的確不是一件很容易的事情。正是因為這一原因，很多人對儲蓄望而卻步，或者是根本就不屑一顧。囊中羞澀的窮人總是捉襟見肘，覺得很難有多餘的錢財用作投資；收入不菲的富人養尊處優，認為根本沒有必要未雨綢繆。無論境況如何，我們都應該牢記積少成多、水滴石穿的道理，可惜的是人們往往缺乏這樣的遠見卓識。越是亙古不變的道理，越是容易被人們拋之腦後。假如我們每個人都能從一滴水的微小力量中看到它匯流成河的巨大潛力，那麼這個社會將會向前邁進一大步。然而令人遺憾的是，無論是窮人

還是富人，大都滿足於邊賺邊花、現賺現吃的狀態。

「現賺現吃」真是個非常形象的表述，手上有多少錢，嘴巴就能消費掉多少錢。然而，一旦遭遇意外或者身陷困境，這些人就會變得入不敷出、瀕臨破產。透過分析研究我們發現，那些沒有積蓄的人並不是因為不相信未雨綢繆的作用，也不是因為他們懷疑存錢是否真的有好處，恰恰相反，他們從不懷疑進行資金儲備能夠為自己帶來好處。問題的真正癥結在於，他們懷疑的是他們自己，他們根本不相信自己有存錢的能力。他們總是反反覆覆地為自己辯解開脫，稱自己實在沒有餘錢可以用於儲蓄。如果你向他們證明，以他們現有的收入完全可以存下一部分錢，他們仍然會繼續反駁：「每次只能存這麼一點錢，就算存個一年兩年也沒有多少。既然如此，存錢又有什麼意義呢？」他們覺得，在自己能夠承受的範圍內可以用作資金儲備的錢是如此有限，就算存得再久也未必有什麼大的用處，還不如隨手花掉來得痛快。這種想法的確情有可原，然而他們卻忽視了一個重要的問題：如果因為資金太少而認為不值得儲蓄，那麼立即花掉這筆錢又能創造多大價值呢？由此可見，抱有這些錯誤思想的人，實在必須學一學如何從長遠的角度去考慮問題。

對於手頭拮据、生活僅能維持溫飽的人是這樣，對於那些家境殷實、衣食無憂的人也是如此。這些人可能受過良好的全面教育，但是卻欠缺重要的生活理財觀念。我們不妨從維多利亞時期英國貧民學校的喬治‧格思里（George H. Guthrie）博士

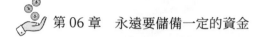

身上學習一些相關的理念，比如，他曾經引用過「千里之堤，毀於蟻穴」和「永遠不要小看一便士的偉大作用」來闡述這個道理。

　　並不是所有的物質條件都能給予人們精神上的慰藉和安全感。儲備資金的最大好處就是，它能夠成為一種強大的精神後盾，並以此支援年輕人拓展自己的事業，給他們提供一個良好的起點。比如，在重新考慮工作方向、待業、或者創業起步時，平時的積蓄就能提供巨大的力量，讓他們在過渡期能夠繼續安心工作。也有人會說，「謝謝你的忠告，不過我手上還有一些錢」，或者「據我分析，這筆交易立刻就能贏利」等等。這一觀點其實代表了很多人的想法。而這一想法的前提就是，深信自己在任何時候都能獨立支撐，不需要外界幫助。顯然，這只是一個不切實際的幻想而已。千萬切記，那些遊手好閒、恣意放縱而又不思進取的人，永遠都無法實現錢財上的自由，從而也就無法獲得精神上的獨立。只會誇誇其談而不懂得居安思危的人一旦遭遇不幸，就會瀕臨絕境。

第 *07* 章　學會掌握商機

　　上帝只幫助那些幫助自己的人，機遇只青睞那些不懼失敗、一心奮鬥的人，成功也只屬於那些不畏艱辛、自力更生的人。一個真正的商人，正是憑藉自己的力量闖蕩出一片天地，不依靠他人一絲一毫的饋贈而贏取成功的強者。

　　踏入商界的年輕人大致可分為兩類。第一類是相信單憑自己的能力就可以在生意場上獲得成功的人，這類年輕人對自己的能力深信不疑，他們往往都白手起家，不依靠任何外界的支援，認為只要自己艱苦奮鬥、不懈努力，將自身的能力充分發揮出來，就一定能夠奪取成功，在商場中占據一席之地。而第二類人，用通俗的話來說，就是那些「有成功的父親做後盾的人」，較之於第一種只能憑藉自身力量的人，他們確實在這一方面有著得天獨厚的優勢，能夠在其他人的幫助下獲得商場上的成功。然而，商場上成功的機會往往會偏向於這兩類人中的第一類人，即那些憑著自己的能力打拚的人。

　　毫無疑問，很多有錢人家的孩子都會幫助自己的父親打理生意。他們的會計室、倉庫、工廠、商店以及自己的住所都是父親給的，他們接受的教育、擁有的社會地位，也都是建立在父輩那一代榮耀地位的基礎之上。然而令人感到遺憾的是，

對此他們甚至一點都不覺得羞愧，反倒認為是理所當然的。如今有多少年輕人能夠僅僅憑藉個人能力滿足自己的日常生活開銷？有多少人可以僅僅依靠自身力量而獲得屬於他們自己的成功與財富？他們的父輩大都是白手起家，當過工人，做過苦力，他們能夠取得今天的成績、擁有今天的地位，完全是靠自己的艱苦打拚，而絕非依靠祖輩的成功果實，因此他們的榮譽當之無愧。

在此，我們必須討論一下這樣一類年輕人，他們討厭「遊手好閒」，並且努力憑藉自己的力量獲得商場上的成功。許多年輕人透過自己的努力在商場上闖出了一片天地，並且賺取有限資金以維持自己的開銷。但是與此同時，他們並沒有繼續依靠自己的努力，而是從父輩以及富有的親戚那裡得到生意上的幫助。在這種情況下，他們獲得的幫助越多，就越是不利於自己在商場上的發展。因此，這樣的幫助最終往往事與願違。

那麼，究竟是什麼原因產生了上述結果呢？假如這一類年輕人在努力經商後仍然失敗了，那麼他們應該做的是從中吸取經驗教訓，歸納總結出失敗的癥結，然後在此基礎上展開下一番努力奮鬥。然而，事實上他們往往沒有這麼做。他們認為，雖然自己暫時沒能取得成功，但是還可以利用親戚朋友們金錢上的幫助，從而在商場上「東山再起」。

對於那些性格堅毅的商人來說，擁有這種想法的年輕人在商場中所處的情形十分糟糕。身為一名商人，一旦心存這種僥

倖思想或投機取巧的念頭，即便在他人的金錢資助下獲得了暫時的成功，這種成功也無法長久。他們可能會越來越依賴於別人的幫助，長此以往，便放棄了自身的努力，這樣只怕今後會敗得更慘。因此，他的朋友們應該盡自己最大的努力阻止他繼續產生這樣的想法．

　　我就曾經結識過一些這樣的年輕人，他們家境富有，而且總是以為自己的親戚朋友可以在生意上助他們一臂之力。然而正是因為他們總是接受這些人的幫助，所以他們在商場上從來都沒有任何建樹。幸運的是，不久之後這些年輕人很快就看清了自己的形勢，意識到這些幫助對他們自身的發展來說毫無益處。他們最終領悟到，親戚朋友所能提供的金錢上的幫助是他們最不應該接受的，只有透過自己的勤奮努力而不是別人的金錢餽贈，上帝才會幫助他們抵達成功的彼岸。

　　儘管我不能保證他們在意識到這一點之後就一定會成功，然而事實是，只有那些在思想上和行為上不懼失敗的人才不會總是功敗垂成。我還從來沒有聽說哪個人付出了艱辛的努力但是仍然沒有成功。那麼一個真正的商人應該做的就是，不要依靠他人一絲一毫金錢上的幫助，而是憑藉自己的努力去商場上闖蕩。成功只屬於那些不畏艱辛、自力更生的人，這也就是說，「上帝只幫助那些幫助自己的人」。

　　除了上述的情況之外，還有另外一個原因會使得年輕人在商場上屢屢碰壁，最終導致他們的生活也變得鬱鬱寡歡。從更

深一層的觀點來看，這一因素所帶來的危害比上文所提到的那些要嚴重得多。許多年輕人從一開始就沒有明確的人生目標，沒有可行的事業計畫，每當他們在一件事情上受挫以後，他們便會就此放棄，轉而去做另一件事情。對於英國人來說，這種淺嘗輒止的態度尤其令人鄙夷。因為這些人只知道一味地重蹈覆轍，但是卻不懂得從失敗中反省自己的做法，也不懂得要吸取教訓重新開始，所以等待他們的只會是同樣的結果 —— 再一次的失敗而已。

第 *08* 章　生財有道

　　當我們有金錢的時候，我們生活在恐懼中；當我們沒有金錢的時候，我們生活在危險中。在商業社會中，人們如同需要工作一樣，也必須獲得金錢以滿足自身生存和發展的需求。誠然，賺錢、生財、致富本無可指責，關鍵是要取財有道。

　　大多數的年輕人都認為，財富可以使他們遠離那種滿腹悲傷、心存遺憾的生活。用更加通俗的話來說，現在的年輕人都迫不及待地想要「賺大錢」。但是這個願望產生的原因不僅僅在於他們熱愛財富本身。事實上，「有錢」往往還與另一種情緒連繫在一起 ——「生活安全感」。他們認為，只要有了足夠的錢就可以避免那些「不好的事情」，雖然有時他們自己也很難說清楚這些事情到底是什麼，但是毫無疑問的是，金錢多多少少會為他們帶來一種「生活安全感」，與某種他們渴求的「舒適感」有一定的關聯。

　　但是當他們真正有錢的時候，他們卻極其失望地發現，金錢其實並不能給他們帶來所謂的安全感，也不能讓他們得到那些曾經夢寐以求的東西。錢財不僅沒有讓他們的生活變得像想像中那樣舒適，而且當他們現在累積的財富已經遠遠超過年輕時的夢想時，他們卻滿懷詫異甚至不無遺憾地發現，財富除了

　　給他們帶來極大的憂慮與不安之外，實在是沒什麼好處可言。有些人認為，他們現在所擁有的巨大財富是自己工作的成果，是自身能力的標幟。但是當他們回憶起自己年輕貧窮的生活時，又會不禁備感遺憾，甚至經常想要放棄現在的財富，回歸到原來平靜、快樂的日子裡去。歸根結底，人們總是不滿足於自己所獲得的東西，一旦舊的欲望得以實現，新的欲望又會不請自來，而就是因為這種從不知足的感覺，使得人們總是欲壑難填。反過來說，也正是這種欲望和貪念，讓人們從來都不會感到心滿意足。

　　對於那些渴望能夠賺到大錢的人來說，他們總是認為，唯有金錢才能使自己從生活的艱難困苦中解脫出來。儘管從某個方面說這種觀點無可厚非，但是它仍然有不正確的一面，甚至可以說是錯誤的。金錢本身雖然沒有錯，但是如果我們不善加利用就會產生問題、出現錯誤。當賺錢成為每一個生意人唯一的目標和想法時，那麼這樣的生意人只會處處遭受人們的鄙夷。實際上，他們才是最可悲可憐的人，因為他們已經徹底忘記了什麼才是商場上本應具備的素養，也已經完全拋棄了商場上真正值得擁有的品格。

　　我們能夠透過誠實的工作而獲得錢財，這是一件值得感恩的事情。只有當我們的錢財以正確的方式用在正確的地方時，它才會發揮出好的作用。因此，錢財本身並沒有錯，錯的是我們對待它的方式。我們應該把錢用在該用的地方，取之有道，

這樣財富才能夠為我們帶來好運，上帝才會賜予我們真正的幸福和快樂。

　　如果年輕的商人從踏入商場的最初時期，就能對錢財抱有正確的態度和看法，那麼他們就已經懂得了應該怎樣去經商。他們會在年復一年的努力奮鬥下日積月累，但是卻不會急於「一夜暴富」。他們不會對錢財錙銖必較，不會讓自己淪入欲壑難填的境地，更不會為了賺錢而不擇手段，使自己飽受痛苦的煎熬。像許多人一樣，他們也不斷地積蓄財富，但是卻取之有道，因為他們把這些錢財看作是上帝賜予自己的禮物。因此為了感謝上帝，他們不僅會繼續誠懇地努力奮鬥下去，也會盡力把這些財富用好，用到那些可以幫助他人的地方，用在有價值、有意義的地方。正如上文所說，他們從來不會渴望自己一夜暴富。對他們來說，錢只不過是個數字而已，所以他們不會將賺錢作為自己的唯一目標，更不會因為自己越來越多的財富而變得沾沾自喜、得意忘形。

 第 08 章　生財有道

第 *09* 章　千萬不要虛擲光陰

　　一個享受充裕時間的人不可能賺大錢，要想悠閒輕鬆就會失去更多成功的機會。反之，一個懂得掌握成功的人，都必須經過時間的沉澱。前者是典型的窮人思考模式，而後者很清楚從商之路上的每一秒鐘，不是為成功作準備，就是為失敗作準備。

　　我們不妨觀察一下，周圍那些善於社會交往、人際關係廣泛的年輕人，很可能都會有一些整天「東遊西蕩」、「無所事事」的親戚朋友，而這樣的人也就是我們通常所說的遊手好閒之人。

　　依據這個標準，現在的年輕人大致可分為以下這兩種。第一種是那些被稱為「樂天派」的年輕人，他們總是天馬行空地幻想，異想天開地認為好運自會來臨，他們所做的一切，就是等待著有什麼好東西突然從天而降。他們絕不會為了自己等待的東西是否會出現而自尋煩惱，也不會因為這種未知性而焦躁不安。在他們看來，時間就如同他們所等待的東西一樣，是一個模棱兩可、極不明確的東西。第二種人則與第一種人截然不同，他們不僅不會將自己置身於這種消極的等待中，也不會把自己的命運交付那些「時間」所能帶來的東西，恰恰相反，他們所表現出的積極性和主動性要遠在前者之上。無論是在生活

中還是在事業上，他們總是會為即將發生的事情而變得蠢蠢欲動，因為他們迫不及待地期盼著這些事情能早日實現。他們躍躍欲試、熱忱滿懷，希望每天都會有新的事情發生。正是源於這種好奇心，他們總是對新鮮事物充滿了熱情，並對此樂此不疲。從年輕的時候起，他們就會不斷地嘗試新奇的事情，但是年復一年，再也沒有什麼新奇的事物可以引起他們的好奇。因為他們總是對新鮮事物抱有極大的積極性，日常生活裡很少有事情可以吸引他們的興趣，所以在這種情況下，他們中的大多數人都轉而把目光投向了自己不熟悉的商業領域。對他們來說，那些熟悉的領域已經難以為他們帶來新奇的想法和新鮮的感覺。因此，他們便會不停地探索新的領域，挖掘新的世界，而他們自然就不會變得遊手好閒，這一點顯而易見。

　　然而就現實而言，怎樣對待那些遊手好閒的人卻絕不是一件容易的事情，因為我們必須想方設法讓他們變得勤勤懇懇、腳踏實地。但是這也並非不能做到，在我經商的過程中，我就曾經遇到過不少出人意料的成功事例，許多遊手好閒之人最終變成了兢兢業業的實務家，不再處處依賴自己的親朋好友。不過在此之前，人們還是對此頗為擔憂，那些遊手好閒者整日生活在不切實際的幻想之中，夢想著自己的工作能力會隨著時間的推移而自動提升，這種不勞而獲的空想又怎麼能轉化為現實呢？實際上，在剛剛踏入商界時，大多數人都並沒能立即得到自己中意的工作。可以想像，在這種情況下，遊手好閒之人必

定會變得意志軟弱、生活消沉，而在這種消極情緒的主導下，他們就更難獲得一份滿意的工作。然而，一般來說，這些遊手好閒者並不太可能自動放棄這種消沉的生活方式，也不會自願去付出任何努力來改變現狀，更不會去著手尋求其他有用的謀生手段和職業。這種無所事事的態度往往讓常人難以理解，因為在普通人的眼裡，一個人只有透過身體上和精神上的共同努力，才能獲得一份踏踏實實的工作。但是對於那些遊手好閒的人來說，他們只願意去做簡單易行的事情，想要讓他們燃起動力實在是非常困難。由此看來，對待這樣的人只有一個辦法，那就是聽之任之，任由他們自己發展。讓他們自己去闖蕩世界，讓他們學會怎樣用自己的工作收入來維持生活，或者反其道而行之，任由他們繼續無所事事、遊手好閒下去，直到自己食不果腹為止。因此，那些過度溺愛孩子的父母或親戚朋友應該明白，他們不應總是為這些遊手好閒者提供幫助，不應繼續放縱他們的無理需求。他們完全可以讓這些人依靠自己的雙手開始工作，讓他們自己去尋求生活所需要的一切。

　　或許對於有些人來說，採取上述方法來治療遊手好閒似乎過於殘忍，然而，若想徹底改正這一惡疾，這卻是唯一行之有效的辦法。不可否認，世界上的確有許多事情十分殘酷，但是在絕大多數情況下，我們的出發點都是善良的，上述辦法就是如此。據我所知，就這一點而言，許多老成練達而又和藹可親的商人也深有同感。一個智者怎麼會不同意我們把一個遊手好

閒者轉變為一個踏踏實實的人呢？

　　即使是在那些業務繁忙的企業裡，無所事事的人仍然隨處可見，可以說幾乎每個工廠裡都不乏遊手好閒者的身影。這些人每天東遊西蕩地混日子，無論做什麼事情總是馬馬虎虎、敷衍了事。他們總是希望自己可以什麼工作都不用做，即便是在工作的時候，他們也會想方設法偷工減料，伺機蒙混過關。其實，那些員工整日無所事事，每一個主管或經理的心裡都一清二楚。因為這些人平日裡就什麼也不願意去做，身上也看不到任何工作中應有的熱情和主動性，整天就是等著發放薪水的那天到來，而且也只有在這一天，他們才會表現出些微對工作的積極態度，好像他們每天都在努力工作一樣。實際上，想用這種演技來蒙蔽領導者的眼睛，這恐怕不是常人力所能及的。對那些遊手好閒的人來說，似乎只有薪水才能暫時喚起他們的良知，激發他們那少得可憐的上進心，這真是一件令人悲哀的事情。

　　通常來說，一個人無所事事的缺點往往都是後天養成的。除此以外，遊手好閒往往還會轉變為自甘墮落。的確，有些原本勤勤懇懇、踏踏實實工作的人，後來卻加入到了遊手好閒者的行列中去，並從此變得無所事事。這其中的原因不僅我們很難說清楚，就連他們自己也不得而知。然而更為不幸的是，這些人非但沒有感覺到一絲的痛苦和愧疚，他們的親戚朋友還變成了受害者，因為以後他們不僅必須負擔起這些遊手好閒者

的生活，而且還不得不接受自己的親人自甘墮落的事實。可悲的是，這些人一旦日復一日地自甘墮落下去，就很少有人迷途知返。

一般來說，這些人之所以墮落，是因為他們對生活感到一種極度的沮喪和失望之情，從而喪失了對生活的信心。然而實際上，真正讓他們失望的並非是現在的生活，而是他們自己。在我個人看來，之所以生活中某些令人失望的事情會對他們的人格造成如此巨大的影響，也正是出於這樣的原因。在面對這些失望時，他們原本可以選擇努力改變與之對抗，但他們卻只會走上自甘墮落的道路，沒有比這更為愚蠢的行為了。

為了證明上述觀點，在這裡我來舉個例子。這是一件真實的事情，就發生在我認識的一個年輕人身上。他在剛剛參加工作的時候，是一個兢兢業業、勤勤懇懇的員工，透過自己堅持不懈的努力之後，從公司最底層的學徒一步步升到了部門經理，年紀輕輕就已經獲得了豐厚的薪水，並且在同行的領域中取得了相當的影響力。然而他唯一的缺點就是脾氣很糟糕，所以他經常與別人發生口角，而這些爭執大都是由於他自己的原因造成的。有一次，在和同事開展一番激烈的爭吵過後，他一時氣憤不過，就寫了一份言辭激烈的辭呈。正是因為這份辭呈，他再也無法回到原來的部門工作了。當他意識到自己的愚蠢行為後，他感到十分後悔，也非常懊惱，可惜為時已晚，大錯已經鑄成。從那以後，似乎一夜之間他就突然變得兩鬢斑

白,蒼老了不少,而且總是一副垂頭喪氣的模樣,從此一蹶不
振,成了一名道道地地的遊手好閒者。時至今日,他仍然必須
依靠好友的支援才能勉強維持生活。

第 *10* 章　腳踏實地的工作態度

　　一個以薪水為奮鬥目標的人是無法走出平庸的生活模式的，也從來不會有真正的成就感。薪水只是工作的一種價值體現，而非工作的意義所在。因此，每個想要成功的人都應該懂得從工作中獲得更多更重要的東西：珍貴的經驗，良好的訓練，才能的表現，品格的建立。

　　想要取得事業上的成功，首先就必須腳踏實地把現有的工作做完，這句話無疑蘊涵著深刻的哲理。在這個紛紛擾擾的現代社會裡，許多年輕人都認為，安分守己、按部就班地工作實在是一件令人厭煩而痛苦的事情。不僅那些條件優越、有一定社會地位的年輕人這麼認為，就連受薪階級的人們也普遍持有相同的觀點。這一點的確令人感到悲哀，對於那些經濟狀況並不樂觀的年輕人來說，他們的工作彷彿是迫不得已必須要進行的，這往往也會令他們苦不堪言。在他們心裡，工作是不得已而為之，是為生活所迫，倘若不用工作就可以謀生的話，或者本就家境富裕、無所顧慮，那麼即使是再簡單的工作，他們也不願意從事，更不會去考慮怎樣把自己的本職工作做得更好。他們唯一關心的就是怎樣才能趕快熬到發薪水的日子，怎樣才能在這個時間內用最少的精力完成任務。對於這些人來說，以

上這種評價並不過分。事實上，不僅是受薪階級，生活中其他許多人也都對工作抱有這種誤解，而且這一人數遠遠超出我們的想像。

也就是說，對工作的誤解不僅存在於勞工階層之中，即便是那些衣食無憂的人們，也都普遍抱有這樣的誤解。對於後者來說，他們通常能夠依靠自己的親戚朋友獲得生活必需品，因此他們寧願選擇不勞而獲，任憑自己終日無所事事、遊手好閒。如果你和他們談論有關誠實工作的話題，他們一定不習慣也不願意討論這些事情。如果你與他們講工作尊嚴，只怕他們根本不會明白你在說什麼。只有等到這些遊手好閒的紈絝子弟以及那些以工作維生的勞工階層，都能夠徹底領悟工作的真正意義，我們的社會才能夠克服對工作的誤解和歧視。

工作是一種有尊嚴的活動。凡是對世界作出貢獻的、熱愛工作的人們，他們都值得我們尊敬。無論他們從事的是什麼工作，無論他們的工作有多麼卑微或艱辛，只要這項工作能夠促進社會的進步，並且能夠為人類創造價值，他們就總是不辭辛苦、任勞任怨地工作。他們從事這樣的工作，不僅因為他們有能力造福於人類，而且還因為他們喜歡工作、熱愛工作。他們絕不會認為工作就是在貶低自己、侮辱自己的人格。恰恰相反，他們認為正是工作讓他們感到無比光榮。在他們看來，那些整天無所事事的人才是可恥的。因此我認為，對於這些誠實可靠的勞工，我們的社會應該心存感激。

我們不僅應該鄙視那種遊手好閒、無所事事的行為，而且應該給予那些辛苦工作、努力工作的人更加美好和富有的明天。任何人都不能心存僥倖，認為不必艱苦工作就能夠在商場上叱吒風雲。同樣，任何人都不應該認為，依靠工作過活就是有損於自己的身分。只有勤勤懇懇、努力奮鬥，一個人才能夠真正獲得成功。

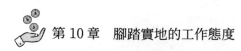第 10 章　腳踏實地的工作態度

第11章　合理利用工作時間

　　不要讓你的工作支配你全部的生活，要勞逸結合，視自己的健康為首要。安排自己在完成工作後稍加休息，給自己一個適當的恢復期。眾多商界人士都在告誡人們，要做一個既會工作又會生活的人。只有這樣，才能有更多的精力去創建更優的成績。

　　無論是造物主，還是《聖經》中的箴言，它們都無一不在告訴我們，正如宇宙有春夏秋冬與日月更迭一樣，我們的時間也要劃分為「工作時間」和「休息時間」。無論做什麼事情，最明智的做法就是首先安排好自己的時間，這不僅有利於我們確保自己的體力和腦力足夠充沛，而且有助於我們更順利、更高效地完成工作任務。如果一個人想要又快又好地完成自己的工作，但是卻沒有任何計畫性可言，不去按照工作規律做事，不能合理調節工作和休息時間，那麼他一定不可能圓滿地完成這項任務。請一定要記住，只有進行適當的休息，我們才能夠做到萬無一失、兩全其美：既保證工作效率，又維護自己的身體健康。

　　倘若一個人缺乏健康的身體素養，那麼他必然很難保持良好的工作狀態，這樣的話，恐怕這個人什麼工作都難以勝任。然而，許多人往往忽略了這個常識性的道理，他們夜以繼日地

拚命工作，完全忽視了身體素養的因素，直到自己累倒了才突然意識到它的重要性。雖然這些疾病通常都是突發的，但實際上，它們已經在這些人身上潛伏了很長一段時間。如果他們能夠一直保持合理的作息時間，這些疾病的發生是完全可以避免的。

令人欣慰的是，透過適當的休息調養或者合理預防，這些疾病都可以治癒。但是，許多人通常都是在生病之後才意識到自己所犯的錯誤，才發覺自己早就該停下來休息休息。雖然有諸多其他因素也可以引發某種突發或者慢性疾病，但是如果我們能夠及時進行適當休息，就能夠做到防患於未然，避免身染重恙。如果一個人長期過度工作，他就會感到四肢乏力、神思倦怠。實際上，這些症狀就是在向他提出鄭重警告，告誡他自己的身體已經超負荷了，必須好好休養一段時間才能繼續運作。在這種情況下，如果你是一個頭腦清醒且不乏遠見的年輕人，那麼你就應該選擇立即休息。不幸的是，有不少年輕人不僅不願意理會身體的告誡，而且還誇誇其談地說自己有多麼強壯。實際上，一旦你開始感覺到自己已經有些精疲力竭了，就應該毫不猶豫地停下來休養，因為身體的徵兆已經明確告訴你，接下來你應該做的是什麼，你必須做的是什麼。如果你不能滿足它的這個要求，那麼它就會按照自己的方式嚴厲地懲罰你。可以預見，倘若你的身體出了意外狀況，這將會為你帶來多少痛苦和麻煩。也許有人認為，現在正是工作的大好時機，

一旦停工休息就會荒廢了自己的前程，因此夜以繼日地疲勞作戰。對於你的這種態度，你的身體只會以更加痛苦的疾病來懲罰你，讓你得不償失，要你深知違背它的原則將會有多麼慘重的後果。

如果真的出現這種緊急情況，那麼你就必須及時作出明智的選擇。眾多商界人士都在透過自身的痛苦經歷給我們以告誡：避免過度工作，合理安排休息絕不是在浪費時間；與此相反，你是在利用自己的時間。俗話說，對智者點到即可。因此，在這裡我想要強調：如果你對這些老成持重的商界前輩所提供的明智之語不屑一顧，那麼你就會犯下愚蠢的錯誤。

第 11 章 合理利用工作時間

第*12*章　一次只做一件事

　　你應該設立一個既簡單又有效的工作檔案系統，嘗試一次只處理一項工作，並將重要的那些置於優先位置。除去不必要的任務清單，養成每日清理案頭的習慣。只有理清輕重緩急，才能有條不紊地解決問題。確保萬無一失。

　　要想把工作做到盡善盡美，你必須一次只做一件事情。我曾經聽見一個人問另一個人說：「請你告訴我，為什麼你能夠有條不紊地把所有工作都做得盡善盡美，而且還能夠如此合理地安排自己的休息時間？無論我怎樣努力，都無法做到你的樣子。」不管此言是否含有恭維的成分，身為一家大型企業的總經理，在自己所從事的這一領域裡，他總是顯得神采奕奕、精力充沛，而且從來不會放縱自己，每一件事都能做得井井有條。因此，很多人都問過他同樣的問題，而每次他也都給以同樣的答案：「當面對紛繁複雜的工作時，我總是會把它們分成兩個部分，一部分是我必須要做的，而另一部分是可做可不做的。然後，我再決定其中哪件事情必須立即處理，哪件事情可以推遲完成。最後，我會集中所有精力，儘快解決這件必須馬上完成的事情。不管這項工作有多麼困難、多麼瑣碎，也不管其他事情有多麼急迫，我都會堅決把其他事情放在一邊。也就是說，

073

我不會三心二意地同時處理很多事情，而只會全心全意地關注一件事情，當然，這件事一定是必須立即完成的事情。」

　　許多人的工作都十分繁忙，工作內容也非常煩瑣複雜。就這些人而言，將自己從眾多的任務中抽身出來，轉而把所有注意力集中於其中一件事情上，專注地去完成這一件事情，的確很不容易。但是，利用這種方式的轉變，我們可以很好地培養自己專心致志的工作態度。這個習慣非常值得大家去養成，因為它不僅能讓我們的工作變得更加有條不紊，還能夠幫助我們更快更好地完成所有工作任務。對於任何一個能夠圓滿完成工作的人來說，無論他們的說法怎樣不盡相同，其中的實質卻都毫無二致。比如，有的人可能會說：「沒錯，我在忙一件事情的時候，絕不會讓自己被其他事情所干擾。」

　　可是，在面臨某些迫在眉睫的事情時，有些人總是會思前想後、心煩意亂，讓許許多多並不重要的事情在腦海裡盤旋，使得自己「頭昏腦漲」，因此也常常顧此失彼、左支右絀。事實上，這個時候你必須要做的是，首先讓自己冷靜下來，理清每件事情的輕重緩急，這樣才能保證萬無一失。

第 *13* 章　不要拒絕失敗

　　成功讓我們懂得應該做什麼事情，而失敗則教會我們什麼事情絕不能做，所以，承認失敗，然後忘掉失敗，不過要牢記失敗中的教訓。將失敗視為學習的過程，找出方法，避免重蹈覆轍。事實上，未曾失敗的人恐怕也從來未曾成功過。

　　生活中總是隨處可見各式各樣的答案。對於一個人工作的成敗，有些答案是肯定的，有些答案則是否定的。在商場上，無論是失敗的教訓還是成功的經驗，對我們來說都同等重要。因為在很多情況下，「知道不去做什麼」都可以轉化為「知道要去做什麼」。

　　即使是那些優秀的成功人士，他們也多半不願意承認，他們的成功其實正是源於自己的失敗經驗。對於自己曾經的失敗以及失敗的原因，許多人總是傾向於閉口不談，或是遮遮掩掩。然而，無論是對於國家的進步，還是物質文明的發展，這種羞於言敗的態度都會得不償失。舉例來說，機械工程科學就是這樣。人們很少提起這一事實，當今人類世界所創造的偉大成就，以及現代社會所取得的迅速進步，正是後人不斷繼承和發揚前人偉大發現的結果。昔日那些偉大的工程師和機械師給我們留下了不計其數的失敗教訓。沿著他們走過的道路，踩著

他們留下的腳印，我們才能將他們留下來的方案進一步完善，從而最終獲得成功。對他們來說，當時這些失敗的嘗試無異於一種巨大的痛苦和失望，但是正是他們曾經的失敗，才讓現在的我們學到了如此多極為有用的知識。因此，這些失敗經驗的價值無法估量，正是他們的失敗為我們指明了通往「完美」道路的方向，為後人奠定了抵達成功彼岸的基礎。

但是，令人十分詫異又不無遺憾的是，儘管他們為我們留下了一筆寶貴的財富，但是我們卻從來不知道如何去珍惜。出於人類的天性使然，我們不喜歡談論自己的失敗。即使是那些誠實正直、頭腦開明的佼佼者，也羞於承認自己失敗的經歷。就像其他人一樣，許多年輕人都不願意承認自己曾經失敗過。因此，我們有必要讓普通大眾明白，商業上的失敗並非是什麼羞恥之事，也不是一個偶然事件，恰恰相反，它是我們從商的指導方針，是成功必備的理論基礎。

但是以上的情況也有例外，最明顯的就是那些與科技發明和社會進步息息相關的行業。在這些行業裡，我們總是無可避免地從一開始就遭遇挫折，落得失敗的結果。很少有人會認為，新的發明創造僅僅是現代發現者的突發奇想。眾所周知，科技發明不同於神話故事，不能像掌管智慧和技藝的女神米娜瓦（Minerva）那樣，可以直接從朱比特（Iuppiter）主神的大腦中憑空出現。反之，只有依靠人類一點一滴的摸索和累積，才能一次次地進步，才能不斷完善自己的發明創造，從而達到完美

的境界。

　　對於年輕的商人來說，要想取得成功，最明智的策略就是虛心學習別人失敗的教訓，否則就只能憑藉自己持之以恆的努力，一步一步地艱辛摸索，最終才能完成任務。如果我們能夠吸取別人過去的經驗教訓，從而避免自己將來也走上同樣錯誤的道路，甚至因此而導致失敗，那麼與提前吸取他人的教訓相比，難道還有什麼比這更好的辦法嗎？所謂先見之明，就是善於利用別人過去的經驗來指引自己前進的道路，這正是商業菁英有別於普通人的根本原因。

　　不管你的知識是否源自他人的經驗教訓，或者你是否曾經在自己的商業計畫與研究中遭遇失敗，它們都會為你未來的事業帶來很大的幫助。當你重新踏上一段新的人生旅途時，失敗的教訓會告訴你哪些路不能再走，哪些錯誤不能再重蹈覆轍，這樣不僅可以使你降低風險，幫助你節約時間，而且還能促使你儘快到達成功的彼岸。正因為如此，我要再次強調這個剛開始很多人似乎難以接受的事實：在商業活動中，成功可以讓我們懂得應該做什麼事情，而失敗可以讓我們懂得什麼事情絕不能做。這兩者同等重要。

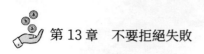 第 13 章　不要拒絕失敗

第14章　臥薪嘗膽

　　讓自己多一些耐性。遇事不要急於下結論，學會三思而後行。站在不同的角度就有不同的答案，尤其是在遇到麻煩之時，學會耐心等待，換位思考，堅持到底。此刻的等待，往往就是下一刻的成功。

　　義大利有句諺語說得好：「只有願意耐心等待的人才能成功捕獲獵物。」也就是說，成功只屬於那些堅韌不拔、耐心等待的人，這一點對於商人來說尤其重要。身為一名商人，在其應該具備的所有素養和個性當中，沒有什麼比「等待與堅持的能力」更能考驗他們的耐心了。

　　耐心和等待是一個商人應該具備的基本素養之一，因為只有當你能夠做到深思熟慮、三思而後行時，你才有能力決定自己該在什麼時候耐心等待，該在什麼時候迅速出擊。有時候，等待是我們解決事情最為簡單明瞭的辦法，「把船停下來，靠著船槳小憩，任憑河流把我們帶去某個未知的地方」。當然，在另外一些時候，這樣做卻也有可能是最壞的選擇。當最佳時機從天而降時，我們就必須迅速採取行動，集中精力解決問題，直到圓滿完成這項任務為止。對於年輕的商人來說，最讓人感到困惑的就是，「在我面臨失業危機的緊要關頭，什麼才是正確無

誤、明智審慎的解決辦法呢？難道我不應該去做點什麼嗎？難道我只要耐心等待，只要靜靜地看著時間溜走，我就會得到回報嗎？」

然而，隨著時間的不斷流逝，有些事情常常會帶給我們更好的結果，這一點的確讓人感到驚訝。這種情況讓我不禁想起了莎士比亞的《哈姆雷特》中某些人物經常愛說的一句話：

「上帝已經決定了我們的命運，

我們只能對它加以改造。」

在有些情況下，解決問題最明智的方法並不是絞盡腦汁苦思冥想，而是靜靜地接受眼前的現實，等待時間為我們揭開答案。在這時候，最好的行動方針就是耐心等待，我們只有把它留給那些有能力運籌帷幄的人，才能夠得到解決問題的正確答案。在很多情況下，對於年輕的商人來說，究竟是應該行動還是應該等待，他們自己往往無法作出正確判斷。那麼，當你除了等待之外無計可施的時候，你只有繼續堅持等待，才會逐漸看清時間究竟給我們帶來了什麼樣的指引，讓我們獲得什麼樣的結果。

實際上，大部分人都懂得耐心等待、堅持到底的道理，那些總是自以為是或者無視現實的人終究只是少數。最後，當不幸的厄運降臨到他們身上時，他們的耳邊一定會響起喪鐘般的鳴聲，「要是你曾經富有耐心的話，要是你曾經靜靜等待的話，

那麼所有的事情都會得到令人滿意的結果。但是你並沒有耐心等待，你過早地採取行動，所以你只能落得現在這樣一個令人悲哀的結果」。我們都知道，許多人在剛剛踏入商界時，時常會有精疲力竭、憂心如焚的消極情緒。在這個時期，他們的生活產生了巨大的危機，而這種緊迫感就讓他們覺得，似乎無論自己做什麼事情都不可能順利完成。究其原因，是由於他們失去了耐心，沒能安靜地等待事態的自然發展，因此才沒能得到水到渠成的結果。簡而言之，他們之所以功敗垂成，正是因為他們在應該等待的時候沒有堅持到底。

有些人也許會認為，如果自己不積極進取、迅速行動的話，他們的事業就不會有任何進展。然而，只有當他們經歷過重大損失，或者遭遇到嚴重災難以後，他們才會真正明白：在商界裡，身為一名商人，最重要的能力之一就是耐心等待和堅韌不拔。

我們不僅應該知道怎樣耐心等待，更應該知道在何時必須靜候命運的佳音。至於什麼時候應該耐心等待，不是三言兩語就能講得清楚，因為想要弄懂這門深奧的學問，除了依靠自己的耐心以外沒有其他任何捷徑。也就是說，這一點只能透過自己的實踐經驗去用心體會。有些人天生就富有耐心，而另一些人總是生性魯莽，行事衝動，就像他們自己所說的那樣，他們不喜歡枯燥無味的等待。但是，明智的年輕人一定要學會耐心等待，只有這樣，他們的商業生涯中才會出現更多的機會，他

們的事業才能有更大的空間，他們也就能更好地發揮出自身的
價值。

第 *15* 章　調節節奏，遠離疲勞

　　假設你因紛擾繁雜的事情而備感疲勞，這時選擇放鬆一下不僅無可厚非，而且十分必要。但在放鬆娛樂的過程中，應在顯眼的地方貼一張「適度遊戲」的告示。倘若這一遊戲會消耗你更多的精力，那這種放鬆只會適得其反，讓你離疲勞更近一步。

　　當眼前紛繁蕪雜、瞬息萬變的商業狀況讓你感到疲倦煩惱，而你卻不得不強迫自己靜下心來努力應對，這時的你，無異於是在承受某種精神上的考驗。很多人認為，無論做什麼工作，要有計畫才會有效率。因為只有按部就班、有條不紊地進行你的工作，才能夠使你暫時忘卻心中的煩惱，才能夠使你心平氣和、又快又好地完成任務。這一點不僅適用於體力勞動，同樣也適用於腦力勞動。如果你仔細觀察，你就會發現，要想有效緩解腦力勞動的艱辛，就必須做到張弛有度、適時調節。

　　舉例來說，當商業活動中的某種煩惱讓我們感到心情壓抑，或者工作中一系列複雜的問題讓我們備感疲倦時，那麼無論我們從事的是什麼樣的工作，這時我們最需要的都是暫時停止這些工作，將這壓力重重而又令人煩惱的思緒擱置下來，讓自己好好休息一下。如果一個人用腦過度，腦力勞動強度太大，他就很容易感到精疲力竭，彷彿自己的全部精神都已消耗

殆盡一般，而一旦到了這種境地，什麼問題他都不願再去思考。在我看來，想要讓自己獲得有效的調節，最好的辦法就是做一些不必思考的事情，或者做一些簡單易行的事情，讓自己得到一個短暫卻極為必要的放鬆。

那麼，應該如何讓我們疲憊的精神得到適當的休息呢？我們不妨來看看下面這些方法：在公園中漫步，花很長時間悠然自得地觀賞大自然的花花草草；或者在鄉間的小路上慢慢閒逛，將所有的心事都拋在路邊，悠閒地在灌木叢中四處溜達；懶洋洋地躺在長滿苔蘚的河岸邊，或者坐在郊外的籬笆牆邊，盡情呼吸春日的新鮮空氣，仔細體會上帝帶給我們的美好世界。除此之外，我們還可以選擇一些簡單易行的機械工作，藉此轉移自己的注意力，譬如修葺屋頂、調整鐘錶等等。要讓自己感覺到從那種辛苦、壓抑的精神狀態中解脫出來，感覺自己的頭腦不再背負著沉重的負擔，思想也得到了適當的休息。有時候，我們還可以靜靜地坐下休息，什麼都不用做，或者不妨偶爾翻閱一些不太需要動腦就可以理解的書刊。

就個人而言，我很難理解有人能夠透過玩複雜的棋類遊戲而獲得放鬆。顯然，如果想要下好棋，你就必須不斷地改變思考模式，這必然要消耗很多腦力，因此很難說這些人在做完這些複雜遊戲之後還能得到精神上的休憩。這一點是我和好友的切身體會。與此同時，我們不應該忽略一個事實，那就是人類是一個集精神、道德和體能於一身的複雜機體，每個人都有著

與眾不同的特質。因此，上述方法或許適合一部分人，但不一定適合其他的人。

　　即便如此，從常識性的觀點來看，如果我們想要得到休息，得到精神上的調整，那麼，越是與平時所作所為相反的事情，越是能夠讓人感到放鬆。當我們覺得壓抑的時候，不管這些煩惱是來自工作還是來自其他事情，只要是我們想要休息，那麼我們就必須適度調整自己，只有恢復了自己的腦力和體力，我們才能夠圓滿地完成工作。在我看來，調整自己最好的方法就在於，盡可能地讓自己活躍的思考得到完全放鬆。在這種情況下，一些體力勞動最能有效地幫助我們恢復精疲力竭與過度緊張的神經。

　　但是，我們選擇從事的體力勞動或者機械作業，一定不能是某種程序複雜的工作，否則，這只會對我們的體力帶來更大的損耗。如果一個人因為腦力勞動過度而備感心煩意亂，想要舒緩自己緊繃的神經，結果卻選擇了某種複雜的工作來做，那麼這樣只會適得其反。因此，在這種情況下，我們應該選擇那些簡單易行、不需要過度集中注意力的事情。這樣一來，我們不僅可以從這些機械性的工作中得到滿足，同時還能夠調整自己的心情，舒緩緊張的神經，讓自己感覺是在做一件十分有意義的事情。即使這些機械性的工作本身並沒有什麼實際意義，但是它能夠使我們放鬆，我們壓抑的心情也會因此變得明朗起來。我們甚至可以說，這種機械性的勞作已經達到了調節神經

 第 15 章　調節節奏，遠離疲勞

的目的，因為它可以讓緊繃的神經鬆弛，我們也就得到良好的
休息。

第**16**章 工作之中總有煩惱

成功路上，煩惱無處不在。倘若此刻只是怨天尤人、抱怨不己，只會無形中增加你的「情緒控制成本」，消耗你的「能力資源成本」。不管你對成功如何定義，積極面對總會對成功更有價值。積極不一定成功，但消極肯定失敗。

我們當中的大多數人都聽過這種言論：「讓人窒息的不是工作本身，而是工作中的那些煩惱。」就像其他經常被人們引用的名言一樣，這句話本身就蘊涵著發人深省的哲理。毋庸置疑，大多數令人煩惱的生活都會使生活本身變得更加痛苦。然而這還不是最糟糕的，最糟糕的是長久生活在這些令人厭倦的煩惱下，人的生命就會不斷地消磨殆盡。然而，每個生命都有著各自煩惱的事情，沒有誰能夠逃避它的侵擾。正如我們所看到的那樣，有些人在晚年時比年輕時顯得更加精力充沛、健康快樂，而另一些人總是疾病纏身、意志消沉。因此，我們必須設法找到某種方法，從而避免這些煩惱所引起的痛苦。

我們並不是說有些人的生活中很少有或是根本就沒有煩惱，而另一些人的一生中處處都是煩惱，因為實際情況並非如此。從我的個人經歷來看，每一個人都無可避免地會遭遇煩惱，不同的是人們對待煩惱的方式。有些人在遇到煩惱之後會

沉著冷靜地應對，最終完全擺脫那些工作煩惱帶來的不良影響；另一些人卻像那句盡人皆知的諺語所說，「他們直到臨死前的最後一刻仍然憂心忡忡」。沒錯，只有等到他們感覺不到煩惱的那一天，他們才會真正從煩惱中解脫。

因此，頭腦健全的人一定會得到這樣的結論：煩惱對人造成的影響主要取決於人們接受它的方式。在我看來，有些煩惱原本是完全可以避免的，然而不幸的是，人們往往是在自尋煩惱。各行各業都有自己的煩惱，每個人的煩惱也不盡相同。可以說，我們的煩惱都是別人帶給我們的。在某些環境和狀況下，我們難免會遇到各式各樣的煩惱，但是，最終這些煩惱對我們產生了什麼樣的影響，這就完全取決於我們處理煩惱的方式。有些人能夠積極對待生活中的痛苦和損失，例如聰明的朝聖者，他們在接到苦行命令，要求他們把豌豆放入鞋子步行千萬里時，他們會把豌豆煮熟了再放人鞋子裡；而其他消極面對生活的人卻只知道不滿和抱怨，即使有人告訴他們修行中可以使用煮軟的豌豆，他們照樣還是把生豌豆放在鞋子裡走路。其實，以上提到的兩種情況在我們的生活中已經司空見慣了。無論從事什麼工作，樂觀的態度就是一種明智的選擇。倘若因為自己遭受損失和痛苦，就要給他人造成更大的痛苦，這種做法對我們沒有任何好處，因為那只是加重了我們自己的痛苦而已。有時候，沒有什麼事比這更能讓我感到驚訝的了，有些人僅僅是為了一些雞毛蒜皮的小事就煩惱不已，而且甚至在很長

一段時間內都為此痛苦萬分，這實在是一種徒勞無益的做法。因此，總是為了不可避免的煩惱而愁腸百結，這種行為極為愚蠢，它只能帶給我們更多的痛苦。既然我們既不能避免煩惱，也不能改變自己的煩惱，那麼，我們就不應該愚蠢地把時間浪費在發怒上。

對於明智者來說，時間就是金錢。他們絕不會「對著打翻的牛奶瓶放聲哭泣」，因為這種行為是一種愚蠢的行為。反之，聰明的人會將打翻的牛奶瓶擱置一旁，然後立即開始工作，賺取更多的錢來買更多的牛奶。有些人總是喜歡擔心這擔心那，所以他們永遠也不會感到開心，因為他們總是覺得自己十分命苦。他們已經習慣了自尋煩惱，好像煩惱就是他形影不離的夥伴一樣。顯然，這是一種不良的習慣，但是他們卻固執地不肯輕易放棄。對於這些為了煩惱而煩惱的人來說，他們應該試著從一開始就調整自己的想法，不要讓生活的滿足感完全依賴於那些微不足道的小事，不要讓自己的心情完全取決於那些毫不相干的人。實際上，煩惱與否在於我們自己是否願意煩惱，而解決煩惱最明智的方法就是，心平氣和地面對它們，盡量把這些煩惱看輕，看淡。

如果我們真的遇到了什麼麻煩或災難，一定要勇敢地去面對。在困難面前坐下來一味哭泣，這一點作用都沒有。因為無論你怎麼哭泣，困難仍然擺在那裡，而且絲毫沒有得到解決。正如蘇格蘭有句諺語所說的那樣，我們要勇敢地直面一切

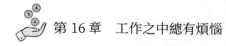

困難，我們要擁有一顆堅強的心。如果你擁有了克服困難的堅定信念，那麼很快你就能感覺到，克服種種困難要比我們想像的容易得多。事實上，這種感覺就是我們積極面對困難的最好回報。

「如果你只是輕輕地撥弄那些有毒的蕁麻，它們就會刺痛你的手指；

如果你像勇士一樣緊緊地抓住它們，它們就會像絲綢一樣柔軟。」

綜上所述，如果我們遇到了什麼麻煩或煩惱，就一定要樂觀地對待它們，勇敢地藐視它們，這樣一來它們就會離你而去。反之，畏懼煩惱是一種愚蠢的行為，因為你越是畏懼煩惱，煩惱就會越有恃無恐，最終帶給你更大的傷害。

第*17*章　尋求幫助不是恥辱

　　成功者之所以成功，是因為他們既有自我幫助的能力，又懂得充分利用他人的幫助。沒有人能夠完完全全獨立於他人而存在，沒有人富有得可以不要別人的幫助。沒有他人的幫助，任何一個人都不會平白無故獲得成功。

　　近年來，我們經常讀到或者聽說這樣的事蹟：有許多人隻身闖蕩商界，他們之所以能夠成功，就在於他們總是能夠幫助自己。對於一個想要成功的人來說，幫助自己絕對不是一件壞事。事實上，如果不具備自我幫助的能力，一個人不可能在商業中獲得實質性的進展。但是我不得不提醒大家，雖然自我幫助是每個人獲得成功必不可少的因素，但與此同時，我們還需要另一樣東西 —— 他人的幫助。儘管這一點很少有人提起，但是實際上，我們每一個人都會或多或少地從別人那裡獲得某種幫助。在我看來，如果沒有了他人的幫助，我們人類就會成為一種可憐又可悲的生物。許多時候人們都認為，只要做到自給自足似乎就足夠取得成功了，但是如果缺少了他人的幫助，他們必然會在通往成功的道路上趑趄不前。

　　事實上，我們所有的人都和其他人有著直接或者間接的關係，沒有人是可以完完全全獨立存在的。一位不乏智慧的公

眾人物曾經說過，如果我們聽到一個人經常自我吹噓，或者別人經常誇獎這個人，說他之所以成功完全是源於他自己的功勞，那麼這個誇獎他的人不是在過度恭維，就是在盲目崇拜。從這些誇獎他人的人身上，我們不可能聽到那些成功人士獲得成功的真正過程，他們是怎樣得到他人幫助的，他們得到了什麼樣的幫助等等。只有把他的成功與他人的幫助連繫起來，讓大家了解這個事實，才能夠真正幫助其他的人。真正強大的成功人士不會誇誇其談，吹噓自己絲毫不需要他人的幫助，聲稱自己的成功與他人毫不相干。儘管這其中必然有他自己不懈的努力，但是若要他表示感謝的話，他一定會首先感謝那些在他生命的危急時刻幫助過他的人。如果不是這些人及時地伸出了援手，他既無法順利完成自己的任務，也不會平白無故地獲得成功。

　　就我的所見所聞，以及我所接觸到的那些成功人士來看，他們之所以成功，正是因為他們既有自我幫助的能力，又懂得充分利用他人的幫助。如果少了這些，即使一個人的性格再好，也都很難取得成功。天性善良的成年人很少去幫助那些不像他那麼幸運的同伴，因為經常會有人告誡他們，過度幫助自己的同伴只會適得其反。殊不知，對自己的同伴雪中送炭才是幫助他們轉危為安的基礎。對於那些誠實守信的商人來說，沒有哪個成功人士會忘記曾經在危急關頭助自己一臂之力的恩人。他人對自己的幫助極其重要，因此，再怎麼高估這些幫助

的價值都絲毫不會顯得過分。幫助別人的方法有很多，我們不必擔心自己不知道怎樣給予別人幫助，或者應該給予誰幫助。如果你真心想要幫助別人，那麼你就會輕而易舉地發現這樣的時機。對於這些人來說，他們在自己的生活中也一定接受過他人的幫助。俗話說得好，窮人只有在窮人的幫助下才能度過難關。如果你能夠無私地給予他人幫助，那麼這些曾經受到你幫助的人一定會像你一樣去幫助他人，這種行為也一定值得你感到自豪。

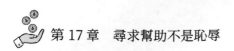 第 17 章　尋求幫助不是恥辱

第*18*章　幫助他人不只是行善

　　世界上能為別人減輕負擔的都不是庸庸碌碌之徒。從某種程度上講，幫助他人是最有益的投資，沒有任何過程會比幫助他人更有意義了。當然，單是說不行，要緊的是做。行善的真正意義不只是善心，更在於善行。

　　身為一名商人，如果不能夠為那些急須創業的年輕人提供機會，那麼無論他在商界有多大的影響力，他仍然不懂得善行的真正意義。實際上，每一個人都不乏善心，不乏幫助他人的願望。然而，如果我們只是具備這樣的善心，卻沒有具體的善行，那麼這種善心就沒有任何意義。不可否認的是，商業圈中的確存在一些居心叵測之徒，他們經常為了一己私利而任意改變事情的正常發展趨勢。但是要知道，與此同時，我們周圍還有很多善良的好心人。他們不僅有一顆仁愛之心，而且還將自己的善意付諸實踐，不斷地樂於助人，而他們的這些善意，也就變成了實實在在的幫助。眾所周知，人們必須依靠自己的辛勤工作來維持生計，因此，對於那些積極進取的年輕人來說，往往需要他人的善意來助自己一臂之力。俗話說「空言無益」。然而，不幸的是，有些人對他人連善良的意願都沒有，就更不用說給予他人實際的幫助了。

　　對於那些功成名就的商人來說，他們絕不應該失去任何一次幫助年輕人的機會。因為他們知道，只要這些年輕人兢兢業業、勤勤懇懇地工作，他們就有機會獲得商業上的成功。有時候，給予他人金錢和物質上的幫助，這不見得就是幫助他們的最好手段，也許幾句激勵鬥志的話語，或者一個振奮人心的舉動，都比物質來得更加有用。此外，透過這些激勵的話語和行為，你還可以判斷出，這些年輕人當中哪個更有成功的天賦。對於一個善於體察的年輕人來說，僅僅是名人的一句鼓勵之詞或者親身感言，就已經足夠使他摘取成功的桂冠了。因為較之那些無心之人，這些話語更能夠對他產生深刻的影響，從而促使他結合自身情況奮勇直前，開拓自己的新天新地。

　　如果你是一個聲名赫赫的商人，那麼我建議你，對年輕人不要吝惜稱讚。這對你來說不過是毫不費力的舉手之勞，但是「言者無心，聽者有意」，你的一言一行可能會對他們所產生的影響，往往就不容忽視了。據我所知，我認識的一位年輕人之所以能夠成功，就離不開他與一位名人在一次晚餐上的閒聊。這位德高望重的老者曾經聽到過別人對他聰明才智的評價。正是這個評價，為他帶來了一個所有年輕商人都想獲得的重大機遇。在這次晚餐上，這位德高望重的長者說道，我們應該給這個年輕人一次機會，因為在另外一次宴會上，某某人曾經如何誇獎過他。轉眼之間，這個年輕人的事業取得了重大的進展。如果有更多的長者願意給年輕人提供商機，那麼年輕一代的前

程一定無可限量。然而，在日常生活中，多數人的善意只是口惠而實不至，沒有落實到具體行動上。與此相反，有些人總是樂於助人，在他們眼裡，幫助別人彷彿是一件十分快樂的事情。但令人遺憾的是，這些人實在是少之又少。不過也正因為如此，他們才更加值得人們給予褒揚。

俗話說：「希望遲遲不能實現，讓人備感心煩意亂。」如果你曾經經歷過這種心煩意亂的過程，那麼你就不應該忘記自己為了成功而飽受折磨的痛苦，並且把這段經歷看作一段無比珍貴的記憶。每當你回憶起這些痛苦時，你就會明白，世界上再也沒有其他東西值得你心煩意亂了。即使是對於那些不乏物質財富和精神慰藉的人，這種痛苦仍然讓人不勝其煩，更不用說對那些無依無靠、一文不名的窮人了。

在從商的早期，那些希望透過自身努力獲得成功的人，時常會產生「英雄無用武之地」的感慨。當他們公務繁忙的時候，他們為此而樂此不疲；但是實際情況往往是，在他們剛剛開始工作的很長一段時間裡，他們都不得不靠競爭來獲得工作。對於那些急切需要得到工作的年輕人來說，他們經常會遭遇這種痛苦的經歷：在歷經職場的反覆磨練後，終於找到了一份前途無量的工作，但是，由於管理者缺乏善意、不守承諾，最終只能與這份工作失之交臂。

因此，我衷心地希望，那些成功人士千萬不要這樣對待正處在創業期的年輕商人。如果你真的不想把某項工作交給這個

年輕人，那麼你就應該直截了當地走開。反之，如果你曾經向某個年輕人承諾要給予他一份工作，那麼請一定完成自己的承諾，而不是漫不經心地敷衍了事：「某某算什麼人哪？在我們這個圈子裡，他不過是個微不足道的無名之輩而已。」如果你真心想要把這個年輕人推薦給另外一個富商巨賈，那就不應該對他作出如此評價。同樣，你不僅不應該有意忘記或者忽略自己的承諾，也不應該對這些承諾草率地說，「哦，這是某某先生，也許他可以加入到我們的工作中來。」如果把這當做自己已經履行了承諾，那麼你就大錯特錯了。

　　然而，在我們的日常生活中，上述情況卻時有發生。在這裡我不禁想說，這不僅是一種懦弱的做法，還是一種殘酷的行徑，因為懦弱與殘忍總是相伴相生。如果你曾經對那些孜孜以求成功的年輕人作出承諾，那麼你就一定要確保你能兌現承諾，給予他們一份像樣的工作。反之，如果你不能夠兌現自己的承諾，那麼你所造成的道德上的負面影響，要遠遠比自己想像的更嚴重。無論如何你都應該記住：如果你忘記了自己的承諾，或者更為糟糕的是，雖然記得這個承諾，但是卻沒有付諸實施，那麼，你將會給那個年輕人帶來難以承受的痛苦。假使這個年輕人是一個心地善良、前途無量的人，我們一定不要對他這麼做，因為正是你的一時疏忽，或許就會徹底葬送一個正在艱苦創業的年輕人，讓他失去所有正直坦誠的信念。

　　對於這一點，我可以用前些天從一個成功的年輕人那裡聽

到的事情加以說明。在開始從商之後不久，他進入了一個不太景氣的行業。有一天，他待在自己狹小的辦公室裡，心急如焚地思考著，將來自己可以從什麼方向起步，怎樣才能讓自己的事業儘快起色。這時，一位他不太熟悉的客人前來拜訪。讓他感到吃驚的是，這位客人手頭正好有很多適合他做的工作。接下來更讓他驚訝的是，這個大名鼎鼎的商人竟然和他討論起手頭上那些重要的工作。他說他對我的朋友以前的工作十分滿意，因此想要給他一個很好的工作機會。與此同時，這位客人還對我朋友進行了褒獎，因為他早就聽說我的朋友處理事情的能力很強。儘管這項工作相對比較複雜，而且涉及內容很廣，但是這位客人居然表示第二天他會再次登門造訪，與我的朋友一起探討這項工作中的有關細節，以便讓他儘快開展工作。經過深思熟慮之後，我的朋友認為這是一個讓他大顯身手的機會，便一口答應了下來。但是，我的朋友並不清楚，這位客人為什麼會對自己如此感興趣，於是就把這件事歸結為 —— 這位客人是一個樂於助人的好，人，因此對他心存感激。第二天一早，我的朋友就來到了辦公室，因為擔心這位客人可能在其他時間前來拜訪，所以我的朋友一整天都沒有離開自己的辦公室。誰知這個客人不但第二天、第三天、第四天，甚至從此以後，都再也沒有出現過。我的朋友一直以為這位客人是一個正直誠實、遵守諾言的好人，但是最後，他不得不改變自己的想法。

　　我的朋友告訴我說，現在只要回憶起當初漫長而又毫無希望的等待，他就會感到極其痛苦。正是當時落魄的經濟情況使他下定決心，如果有一天，他有能力為他人提供工作機會（不過那時這對他來說似乎不太可能），他絕不會輕易向其他人作出這樣的承諾。因為在他看來，想要履行這一承諾必須冒著極大的風險。反之，我們也可以據此推測，如果他決定要把某項工作交給別人，那麼他一定會說到做到。

　　我的朋友告訴我說，當他獲得巨大的成功之後，自己手頭上有了很多的工作機會。但是，對於承諾他人一事，他始終都保持著極為謹慎的態度。打個比方來說，他知道對於一個能力出眾、熟悉本行業的老手來說，某項工作可能要花幾週、甚至幾個月的時間才能完成，但是，對於一個剛剛入行的新手，他卻會漫不經心地告訴後者，這個工作必須花上一週或幾週的時間，並且告訴他，自己這樣做「只是想看看他的工作能力」。我的朋友說，他之所以會這樣做是因為，「我親身感受過自己的希望無法實現的痛苦，以及這種失望所帶來的傷害，所以我很清楚，對於工作那種得而復失的心情是怎樣的感受。因此，我下定決心，盡量避免讓那些年輕人重蹈覆轍，並且盡可能多為他們提供一些愉快的工作經歷」。

　　這裡我要再次強調，我們應該多給那些年輕人一些機會，鼓勵他們在前途渺茫、令人失望的商海中重新找回自我。就像我的那位朋友一樣，在他恢復了內心的平靜之後，很快就擺脫

了那位不速之客帶給他的傷心絕望。不久之後，他就抓住了一次良機，也正是這次機會，為他帶來了巨大的驚喜。他完全沒有料到，這次機會給了他一份利潤豐厚的工作。而他之所以能夠獲得這個工作，完全是因為他始終滿懷憧憬、不懈努力的結果。如果你也能夠像他一樣，始終堅持不懈、信心滿滿，那麼機遇一定會垂青於你。的確，就是在你經過千辛萬苦之後的這次良機，讓你最終獲得了成功。正如英國詩人赫伯特·史賓賽（Herbert Spencer）在〈仙后〉中所說的那樣，「只有那些高山仰止的人才懂得給予他人機會」，只有那些歷經種種磨難成長起來的人，才能夠真正為他人著想，並且僅憑自己的力量獲得成功。

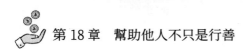 第 18 章　幫助他人不只是行善

第*19*章　敏銳善察

從某種程度上說，一個機智的頭腦能夠極大地彌補商人能力有限、經驗不足的缺陷。同樣，如果你不僅能力非凡，而且敏銳善察，懂得去了解你的商業合作夥伴，做到收放自如，知己知彼，那麼你就一定能夠在商界叱吒風雲，無往不勝。

從商業意義上講，所謂「敏銳善察」，就是指要了解和自己一起從商的人或者在經商過程中所接觸到的那些人的性格，弄清他們的特點和個性。在商場上，只有做到知己知彼，才能百戰百勝，才能在正確的時間，用正確的方式，說出正確的話。

如果必須用一句最為精準、最通俗易懂的話來闡釋什麼是「機智」，我們可以打這樣一個比方，對待他人要像對待一隻貓一樣，你必須順著牠的毛梳理，牠才會感到愉悅舒適；反之，如果你逆著梳理牠的毛，那只會造成到相反的效果，不僅徒勞無益，反而可能會激怒牠。

一個頭腦機智的人絕不會隨隨便便歧視他人，也絕不會粗魯地對待他人的興趣愛好。與此相反，他們不僅會正確對待他人的嗜好，不隨意干涉他人的個人隱私，而且還會選擇令人舒適愉悅的方式與他人相處。頭腦機智的人一般都具有敏銳的洞察力，他們可以迅速了解一個人的性格與嗜好，並且立即找出

他的優點和弱點。只有做到敏銳善察，迅速掌握與其相處的祕籍所在，你才能夠成功地與他人友好往來；反之，你不僅會遭遇失敗，甚至會引起他人的偏見和反感。

但是，我們所說的敏銳善察，並不是說要對別人阿諛奉承或者虛偽逢迎。察言觀色不僅不會有損你的自尊，也不會傷及他人的尊嚴，因此我們要善於培養自己敏銳善察的能力。例如，一個沒有受過什麼教育的人，在某些方面可能無法與一個受過高等教育的人相比，但是他完全能夠憑藉自己機智的頭腦在工作上更勝一籌。有些人天生就敏銳善察，而另一些人必須透過後天的努力才能做到。就像一個商人應該具備的其他素養一樣，機敏的頭腦完全可以透過後天培養而獲得。不過對於有些人來說，他們不會隨著時間的推移而變得更加機智，就更不要說去培養這種品格了。然而，事實很快就能證明，如果一個商人忽視對自己敏銳頭腦的培養，那麼他的商業利益可能就會因此蒙受巨大的損失。從某種程度上說，一個機智的頭腦能夠極大彌補商人能力有限、經驗不足的缺陷。同樣，如果你不僅能力不俗，而且頭腦機智，那麼你一定能夠在商界無往不勝、叱吒風雲。

對於一個商人來說，那些事關自己商場成敗的計畫應該予以保密。在與自己的合作者就商業計畫進行磋商之後，一定要保證這些商業夥伴能夠像你一樣保守祕密，不向其他任何人洩露你們的計畫內容。如果有人就你們之間的合作進行採訪，那

麼你應該選擇一些採訪者熟悉的東西告訴記者。如果你沒有把握，最好讓你的合作夥伴來接受採訪。如果你的合作夥伴是一個老成持重的商人，那麼他就會知道什麼該講什麼不該講。沒有商人喜歡在公共場合討論生意上的事情。如果一個年輕人在接受採訪的時候總是信口開河、不著邊際，那麼以後他就算能夠遇到商機，也不會有什麼出色的表現。有些人總是在時機還沒有成熟的情況下，就向記者大談特談自己將要接手的生意，這種做法極不明智。其實很多時候，正是因為這樣的原因，一筆生意往往在還沒有敲定的時候就功虧一簣。一個頭腦機智的商人，一定會盡量避免在公共場合談論生意上的事情，因為他們很清楚，這些內容屬於商業機密，不可輕易向外界透露。一般情況下，那些最終能夠功成名就的商界人士，往往從年輕的時候就開始注意保守自己的商業祕密了。

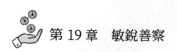 第 19 章　敏銳善察

第20章　如果不能改造環境，就去適應它

　　一切與環境的衝突，都是由於固守舊有的東西，不肯去改變自己。而真正擁有不變資格的，只有環境本身。你不擁有這種權力，就只有去適應它。一味地對其抱怨或與之對抗，最終只能得不償失。當你改變自己，找尋通路與之適應時，才有可能發現新的生機。

　　一個人是否感覺舒適，在很大程度上取決於自己適應生活的方式。不可否認的是，在日常生活中，許多人無論對待什麼事都採取同一種態度。不管是在他們的出生地，還是他們第一次工作的職位，一切都一成不變。儘管時移事易，外部環境不斷變遷，人情世故有所變化，他們仍然採取同樣的方式來對待周圍的所有事物，一如既往地對待日新月異的變化。

　　當今社會是一個相互連繫的有機體，因此這種人實際上少之又少。無論是各種不同的商業設施，還是風格迥異的交易方式，這些看似毫無連繫的事物，其實無一不息息相關。當社會環境不斷變遷時，人們的生活方式自然而然也會隨之發生改變。

　　即使是那些總是希望一成不變的人們，隨著時間的發展，他們不可避免地也在發生著這樣那樣的改變。然而不幸的是，有些人適應環境的能力相對較差，他們寧願墨守成規，也不願

意去主動適應新的環境。因此，這些人要想有所改變，可能需要相當長的一段時間。

但是對於那些頭腦機智的人們來說，無論現在的情形與過去如何大相徑庭，他們總是能夠想方設法去應對新的情形，而且還能迅速找到一種有利於自己的生存方式，讓自己可以更高效地完成工作。當然，還有一些人的所作所為與他們截然相反，這些人不僅對這種做法吹毛求疵、嗤之以鼻，而且還認為這是一種隨波逐流、缺乏定力的表現，因此在他們眼裡，這種改變完全不值得人們大加讚揚。

對於環境的變化，這兩類人的處理方式完全相反，因此其結果也必然不同。前者無論是在心理上還是身體上都感到舒適愉悅，而後者卻處處碰壁、諸事不順。究其根本，我們會發現，問題的關鍵就在於他們對環境的適應能力不同。由此可見，無論是在瞬息萬變的商場上，還是在日新月異的生活中，我們都應該努力培養自己適應周圍環境的能力。對於這一點，有些人似乎駕輕就熟，很快就能適應新的環境；而對於其他一些人來說，這種能力就相對差一些，也就難免處處受挫。所以，無論是誰，都應該對這種現象加以重視，認真培養自己適應環境的能力。如果環境無法改變，那就學著去適應它，最大程度地減少它的不利性，降低對自己造成的不良影響。

第 *21* 章　專心致志

無論是商業領域還是個人生活，專心致志地做每件事才可能實現目標，贏得成功。專心，即心有定力者，定能產生大智慧。做事專心投入者，才能有所突破。

所謂專心致志，就是指一個人能夠排除外界的一切干擾，一心一意地從事自己的工作。對於一個商人來說，能夠做到這一點十分重要。誠然，並不是所有人都具備這種能力，但是，一旦你具備了這種優良品格，你就會變得更加堅強，即使面前的道路橫亙著再大的困難和挫折，你都能夠從容應對。

對於那些能夠專心致志對待工作的人們來說，即使是身邊頻繁出現容易令他們分心的事情，他們也能輕而易舉地將注意力轉移開來，避免自己分散精力。舉個例子來說，我曾經認識一個人，他經常出入候車室，一邊與絡繹不絕的乘客彼此寒暄，一邊還能坐下來進行深奧複雜的計算，或者用鉛筆草擬文采斐然的報告。正當我的這位朋友心無旁騖、一心一意地忙著手頭上的工作時，一位「紳士」輕手輕腳地走了過來，想要順手牽羊拿走他的提包和其他財物，但是，後來這位「紳士」發現自己犯了個錯誤，並因而導致自己身陷困境。因為我的這位朋友不僅能夠做到排除雜念、專心致志地做自己的工作，同時還十

分敏銳善察，注意身邊的一舉一動。然而在實際生活中，能夠同時具備這兩種天賦的人並不多見。

身為一名商界人士，做事專心致志不僅是一種極為可貴的品格，還是一種進行自我教育的訓練方式。一個人若想獲得成功，沒有什麼捷徑可走，因為這條成功之路不僅布滿荊棘，困難重重，有時候還會十分痛苦，他所能夠依靠的，只有自己的不懈努力。為了幫助年輕人實現自己的夢想，在這裡我唯一想要說的就是，無論你從事何種工作，倘若你在做事時左顧右盼、三心二意，這必然會浪費許多精力，影響自己的工作效率；反之，如果你能堅持保持專心致志的工作作風，就不會受到外界干擾，這不僅能為你節約時間，而且還能讓你的工作變得事半功倍。由此可見，致力於培養這一品格至關重要。

第22章　謹言慎行

　　無知者總以為他所知道的事情很重要，並以此為豪，見人就講。而一個明智的成功者從不輕易吐露他所掌攝的祕密。當然，他可以講很多東西，但他知道還有許多東西不講為妙。坦誠固然可貴，但必須得「坦」之有度。

　　坦誠是年輕人最吸引人的特質。的確，在年輕人身上，這種純潔可貴的特質展示得最為充分。我們經常可以看到這樣的情況，一個曾經坦誠待人的商人，在經歷過一些令人失望的事或者遭遇一些損失以後，他很容易就會拋棄這種最為可貴、最為美好的特質。當他再次談到有關自己或者他人尊嚴的事情時，他的言語就會變得更加謹慎和保守，雖說他仍然稱得上誠實可靠，但是率真坦誠的特質已經從他身上消失不見了。不過，即便如此，我們仍然可以發現，這種老於世故的做法只是他在日常商業活動中所體現出來的一些表象，只是附著在他身體外部的某種東西，還沒有進入他的心靈深處，也沒有汙染他的靈魂。

　　儘管年輕人身上存在的坦率令人感到高興，但是就這一點而言，為了能夠真正對他們有所裨益，我必須要指出，在事關他人的時候，你的言談舉止應該有所節制，而不是喋喋不休，

更不應隨隨便便向與此事無關的人透露。無論你對此有多麼濃厚的興趣，無論此時此刻你多麼想要暢所欲言，只要你能夠做到三緘其口，那麼你就會發現，在這種情況下保持沉默，往往比口若懸河更為妥當。所有從商的年輕人都應該像蘇格蘭歌曲裡的侍女一樣，注意保守祕密，而這個祕密對他們來說是神聖不可侵犯的，並且「絕對不會告訴任何人」。

在這種情況下，我們之所以要表現得沉默寡言，不僅是出於我們的自尊，更是出於對合作夥伴的尊重。作為業界的一條規則，無論是商業安排還是商業契約，通通都屬於私人所有，因此，只有契約雙方才有權了解其中的所有細節。

如果一個商人曾經遭遇過某些坎坷，那麼他就很容易在這一原則上對自己有所放鬆，甚至認為他有權力把自己所知道的商業祕密告訴任何人。不過，與他有生意往來的公司顯然並不這麼認為。如果他們之間的生意往來剛剛開展起來，那麼這家公司很快就會了解到這個人此前的不妥行徑，那麼我們幾乎可以肯定，他們之間的合作關係就會隨之告吹。對於那些年輕而又缺乏經驗的商人來說，他們在一開始或許會認為，這種結果與洩露商業機密無關，但是他們很快就會明白這一點。我們並不希望看到，他們在付出慘痛的代價後才能懂得這個道理。因為對於他們，所有與其有生意往來的公司或者個人都有可能會問：「這是我第一次與這個年輕人做生意，他真的能夠保守我們的商業機密嗎？關於這些機密的內容與細節，他是否能夠做到

對任何第三者都隻字不提？要知道，這些可是我們打敗競爭對手最為關鍵的商業政策。」

但是在事關自己的時候，他們自然而然地希望，與自己有商業往來的公司能夠對合作的所有內容、所有細節、所有問題都嚴格予以保密。雖然他們知道，有些微不足道的細枝末節無關大局，即使透露出來也不會對自己的生意造成什麼影響，但是他們同樣也很清楚，這些內容不是不可以對外界透露，而是不應該對外界透露。

從這一點上我們就可以看出，他們的做法有多麼精明審慎、老於世故。如果那些與自己有生意往來的年輕人喜歡四處宣揚他們之間的合作內容，哪怕是隨便透露了一些微不足道的細枝末節，他們也會毫不猶豫地認為，這個人在事關機密時一定管不住自己的嘴，因此這個人也絕對不值得信任。在他們看來，一個在小事上都難以保守祕密的人，在大事上同樣也難以保持沉默，因此，即使他們之間已經有了某種業務連繫，但是對於這種背信棄義的人來說，將來也不會給他們第二次的合作機會。

很多商人都因為自己曾經沒能信守承諾而感到十分懊悔。對於一個老成持重的商人來說，是否能夠做到保守祕密，這對於事業上的成敗至關重要。正如一句古老的拉丁諺語：「智者寡言。」無論是在當時還是在現在，那些精明審慎的商人都對這句古諺深信不疑。如果遇到有關自身的問題，那麼這句老話更是

至理名言。儘管有些人在談起自己的事情時總是長篇大論、誇誇其談，並且樂此不疲，但是他們的聽眾早已感到十分厭倦，因為他們從來都不會注意到，對於那些明智的人來說，要耐心傾聽自己的長篇大論有多麼痛苦。

一個人如果總是對自己的事情誇誇其談，他就應該及時地意識到自己有這個缺點，認真考慮改正這種不良習慣，否則沒有人會再輕信他所說的話。如果有一位長者提起，某某先生剛剛做了一大筆生意，這筆生意的利潤十分可觀，具體數字是多少多少。接著，人們便會問起他：「誰告訴你的？」這位長者回答：「噢，肯定是真的，因為是某某自己說的。」聽到這件事情出自上述那種誇誇其談者之口，人們便會立即毫不猶豫地說：「他的話一個字都不要相信，即使有一天他吉星高照，我也不相信他能夠成功，而且根本就不會有這一天。他總是這樣誇誇其談，簡直愚不可及，所以不要相信他的話。」

真正功成名就、事業有成的人不會去自我吹噓，但是上述這種人，他們之所以要自吹自擂，是因為他們一無所成，卻想要他人相信自己生意興隆。因此，這種人的誇誇其談之詞根本不值得人們信任。雖然對於年輕人來說，直言不諱、率真坦誠不失為一種優良品格，但是如果一個人總是一味吹噓自己有多麼聰明、多麼成功，他的這種做法其實並不受人欣賞。

不管你是誇誇其談還是沉默寡言，真相永遠都是真相，你要明白，在有些場合口無遮攔只是一種極不明智的做法。其

實一個人三緘其口，並不等於就是在否認或者抹殺某個真相。對於年輕人來說，他們完全可以保持自己真誠坦率的特質，但是，在某些事關自己的話題上，一定要謹言慎行。

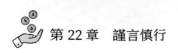 第 22 章　謹言慎行

第23章　心理要平衡

　　優秀的行動者必然長於細緻的思考。在作出重要決策的關頭，他們會不斷地收集事實進行分析，而在分析權衡的過程中，又會盡力摒除自身的偏見，以增強決策的客觀性和準確性。在從商之路上，唯有仔細權衡，才能做出最優決策。

　　說到「平衡」這個詞，那些商界人士就會立刻聯想起「記帳本」、「清查帳目存貨」或者諸如此類的事情。誠然，上面提到的這兩件事的確是做生意時最重要、最基本的兩個部分，也是大家都非常熟悉的，因此在這裡不再贅述。對於一個誠實守信的商人來說，他應該知道自己究竟賺了多少錢，清楚自己應該付給工人、商業夥伴和其他人多少錢。只有對自己的經濟狀況瞭若指掌，這樣才不會因為周轉資金告罄而使生意受挫。

　　不過，我們現在所要說的「平衡」，卻是另一個完全不同但又極其重要的概念。雖然它們的意義不同，但是從內涵上來看，這兩種平衡都是建立在一個相同的原理之上，即建立在「權衡利害得失」的基礎之上。在這種平衡裡，當兩個作用力相互對立時，它們就會對事物發展的最終結果產生影響。因此，當我們說一個人進行「心理平衡」時，就意味著他正在權衡兩種或者兩種以上反作用力所造成的影響。首先，他必須謹慎地估計每

一個作用力的力度、程度、廣度和持久度。然後，他會找出一對相反的作用力，在當前情況下用自己的頭腦去平衡它們之間的影響。這樣一來，可能對某件事情造成不良影響的那一面，就可以向好的方向轉化，從而使得整體結果變得更加完滿。這就是人們在進行「心理平衡」時的過程，而這種思考能力也應該是每一個積極向上的年輕人所擁有的。

對於一個具有遠大抱負的商人來說，這種平衡能力是取得成功必不可少的因素。但是，正如其他的可貴品格一樣，我們只有透過自己的努力才能夠得到它。同樣，在一個人的商海經歷中，這個過程往往是必不可少的，有時候甚至非常痛苦。對於一個年輕的商人來說，儘管這種精神上的平衡不像上文所說商業上的「收支平衡」那樣應用廣泛，但是如果他能夠經常注意培養自己的這種品格，那麼他的生意一定會因此受益良多。然而，這種品格必須天長日久地不斷培養，因此，在這個過程當中，難免有很多人因為一時受挫而淺嘗輒止。

一個始終重視「心理平衡」的人，一定也會在自己的商業生涯中把它落到實處。但是，基於每個人的生活都有不同的週期和階段，所以我們必須弄清楚，自己現在所走的道路是否適合。那些有可能對我們產生誘惑的種種考驗，往往會以捉摸不定的方式不期而至。在這樣的情況下，我們的想法和精神就會受到外部環境的影響，並且在一段時期內反覆搖擺。也許其中的某種影響會對我們產生很大的衝擊，使得我們不得不集中自

己的所有注意力和精力，才能夠勉強抵禦它的誘惑，從而克服並且戰勝它。必須注意的是，有些人可能會在尚未克服這種誘惑之前就匆匆進入商界，那麼，這就會對他的商業道德產生極為不利的影響。

在面臨這樣的考驗與誘惑時，年輕商人一定要感謝自己從小受過的宗教與道德方面的教育。如果他曾經接受過這些教育，那麼他一定會經常感謝上帝，感謝自己的父母從小就對自己呵護備至。不管是從我個人的生活經歷，還是從廣交摯友那裡，我完全確信，這樣成長起來的商人，一定可以不止一次地戰勝那些由於對他們道德、誠信的考驗而產生的痛苦。要想在這種長期的痛苦掙扎中保持正確的方向，不被誘惑力引入歧途，我們必須要求他們有極佳的自我保持能力，而且這種能力越高越好。

對一個在生意和工作上受到考驗的人來說，我們指引他走上正確的方向，這種指導越準確、越清晰明瞭，也就越好。但是我必須指出的是，那些最好的指導都可以從《聖經》中獲得。如果我們能堅持學習它，並忠實地按照指導去做，那麼我們就絕不會走錯路。至於那些披著希望和激勵的外衣，實際上是引誘年輕人走上錯誤道路的誘惑力，我們都將克服和戰勝它們。上帝用樸實無華的語言對我們進行指引，以至於我們不會誤解其中的真意。只要我們相信上帝，我們的精神境界就可以達到像上帝一樣的安詳平靜。如果我們達到了這種境界，我們還需

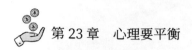

要其他的什麼東西嗎？還有什麼東西能比「均衡的頭腦」更能讓我們達到這種境界呢？

第*24*章　道德淪喪是人生壞帳

　　當更多的行動缺乏道德約束時，也將傷害到更多對象，而且這種短視近利的手段將摧毀一個人的成功之路。也就是說，當你想成為成功的商人時，就必須更謹慎地接受道德約束，這樣才能具備高尚的人格魅力 —— 這是成功者不得缺失的重要素養。

　　我們可以說，「敗壞」一詞與每一個普通的商業過程息息相關。在一定的交易週期內，我們時常必須對某個設備或者儲存品的損耗進行評估，而這些損耗一般來自於某種程度的磨損，例如對廠房和機械設備的維修，以及為了降低價格而對商品進行展覽所造成的損耗。這些損耗在經商過程中幾乎隨處可見。單純從商業的觀點來看，我們不僅應該了解損耗的存在，更應該懂得處理損耗的方法，這兩點同樣重要。但是，至於處理損耗，除了要應對人力難以控制的因素以外，還包括其他許多複雜的技術細節。

　　在這一章裡，我們所說的「敗壞」不僅是指商業損耗，而且涉及我們生活的方方面面。我們應該清楚意識到，這種「敗壞」多多少少都會給我們帶來一些影響，在潛移默化中對我們造成巨大的危害。正如有句諺語所說的那樣，「千里之堤，潰於蟻穴」。

　　實際上，這裡我們所說的「敗壞」，與這句古諺的意思如出

一轍。只要我們加以留意，就會發現一個令人痛苦的真相——這種「敗壞」無時無刻都圍繞在我們身邊。如果我們能夠做到凡事無愧於心、坦誠相待，那麼我們就能夠不受其影響。舉個例子來說，在受到外力的作用時，一個重量較重的靜止物體不會立即開始運動，因為無論是靜止的還是運動的物體，都同樣存在一種慣性。因此，為了克服自身慣性的影響，這個物體在開始運動時的速度相對緩慢。只有在作用力持續了一段時間以後，物體才能高速地運動。

　　從物質世界的這一真理當中，我們完全可以學到有用的一課。一個人不會在從商一開始就違反誠信，更不會立即在道德和法律上犯錯誤。然而，當外界產生壓力以後，比如受到來自旁人的影響時，這個人就有可能開始犯罪。同樣的道理，儘管這種犯罪行為對他產生了誘惑，但是他不會馬上犯下大錯，也不會立即去坑害自己的夥伴，因為他必須首先克服某種慣性，也就是自己善良的天性以及曾經受過的良好家庭教育。在一開始的時候，人們通往錯誤路徑的行為往往是緩慢的，一般僅限於諸如私吞公款、偷工減料以及其他「貿易把戲」之類的小打小鬧。

　　同樣的道理，我們也可以從科學中學到另外一課。我們知道，物體可以在外力作用下開始運動，並且獲得一定的「加速度」，只要作用在它上面的力一直存在，物體運動的速度就會逐漸增加。不熟悉加速運動的人可能會得出這樣一個錯誤結論，

即要想保持加速運動，使物體運動的外力也必須一直增加。但實際上，驅動力還是原來的作用力，而且一直都不會改變。根據物理定律，物體會在這一外力的作用下在一定時間內一直保持運動，除非保持物體各部分成為一體的內聚力突然瓦解，或者遇到了一個質量較大的物體，這種運動才會中斷。用通俗的語言來說，只有在遇到其他物體「撞擊」的時候，它才會結束現在這種運動狀態。

和上面描述的情況一樣，商業道德也是如此。在某種誘惑的驅使下，道德淪喪的行為在一開始總是非常緩慢的。所以在通常情況下，對於一個正在墮落的人來說，他根本不會感覺到自己在朝著不好的方向前進，因為他的所有行為都是在平穩、平靜、舒適的情況下發生的。但是，隨著時間的推移，這種誘惑的驅動力仍然不斷產生作用，因此他墮落的速度也一直在增大，而且是以一種越來越可怕的速度變得道德淪喪。到了最後，這個速度會變得越來越不可理喻，甚至難以控制。他會打破自己曾經美好的生活時光，突破一個又一個障礙 —— 自己曾經受到過的良好教育與早期的訓練，並且瘋狂地走到自身行為的終點，最終除了困惑以外一無所獲，只能面對自己支離破碎的生活。

缺乏誠實和道德的生活必將以毀滅而結束，這種例子屢見不鮮。即使有些人偶然逃過公正的懲罰，但他的內心也會產生深重的罪惡感。生活常識和人類本性會以一種強大而痛苦的方

式告訴他，儘管他獲得了所謂的成功，但他卻為此付出了慘痛的代價。他的社會經歷可以證明，「道德淪喪者的道路一定是曲折的」，這句話就像其他箴言一樣富於哲理。我相信，如果讓那些罪犯講一講他們的感受，他們同樣也會這麼說。沒有人比道德淪喪者更加清楚這條道路是如何遍地荊棘。大多數人都會虔誠地禱告，祈禱自己不要陷入到這些誘惑當中。但是，如果我們故意讓自己身陷誘惑，或者自甘墮落，那麼這種祈禱就是一種可恥的行為。

　　有許多這樣的不幸之徒，在為他們失去的生活和毀掉的前程而痛苦呻吟。在過去的生活中，他們很少向上帝祈禱，但是現在，他們卻轉而尋求上帝的幫助。如果他們能夠在自己開始墮落的第一步，或者導致自己生活破壞的「源頭」時就開始這樣做，那該有多好啊！一個人如果踏上了道德淪喪的道路，那麼他只有在一開始就阻止自己的墮落行為，才能夠及時回到正途上。如果在最初的時候就進行自我反省，那麼很可能只需要很小的力量，就可以抵禦外部的誘惑，從而回歸正途。反之，如果等到自己墮落的速度過大、誘惑太多時才開始悔過自新，那麼這時，儘管他渴望自己能夠就此罷手，也很難控制自己，並且還會繼續橫衝直撞，最終到達自己命運的終點。一個人墮落起來很容易，遠離墮落同樣也並不困難。如果這個人有著強大的抗拒誘惑的能力，那麼不管他是否曾經虔誠地向上帝祈禱，他都會自覺抵禦來自外界的誘惑。

第 25 章　不要歪曲真相

　　如果你認為做某些事對自己有利，請再想清楚，最好少玩些花招，少弄虛作假，否則你終將因此而將自己套牢，直至無法自拔。正直誠實些，把聰明智慧用在正當之處，只有踏踏實實做事，才能真真正正成功。

　　在商業活動中，你經常會發現，那些難以相處的人們總是不太容易合作。如果你的合夥人總是在談生意的時候言語閃爍，說起工作細節來含糊其辭，那麼對你來說，他就是一個危險的人物。一個模稜兩可的人很可能會扭曲事實、歪曲真相，甚至不惜編造謊言，企圖讓事情朝著有利於自己的方向轉變，這樣的人從本質上來說就是一個騙子。

　　英國著名詩人阿佛烈・丁尼生（Alfred Tennyson）曾經說過，一個表裡不一的人在必須撒謊的時候會毫不猶豫地說謊，並且對此毫無羞恥之心，至於這種人，我們既不需要去譴責，更不應該去害怕。丁尼生說的一點都沒錯，而且完全正確。對於那些習慣逃避真相的膽小鬼來說，說謊是一種勇敢的行為，而一旦他成了說謊者，就會感覺自己成了一名英雄。的確，那些口是心非的人每天都要冒著很大的風險，因為自己的欺騙行為一不小心就可能會被別人發現。從某種意義上說，他們甘心

冒著如此巨大的風險而繼續陽奉陰違,不能不說他們膽大妄
為。他們的生活中處處都充斥著謊言與欺騙,而他們自己每一
天都在不斷陷入更為複雜、糟糕的情形中。可以想見,因為擔
心自己的伎倆被別人揭穿,他們整日都提心吊膽、擔驚受怕,
為了掩蓋之前的謊言,不得不煞費苦心地採取一系列新的欺騙
行徑,才能讓自己轉危為安。

但是,從我與這類人相處的經驗來看,實際情況卻並非如
此。他們似乎「天生」就是這樣,已經習慣了用這種行為方式來
生活。在他們的頭腦中,虛偽的概念似乎與生俱來,他們並不
認為自己的欺騙行為有何不妥,他們現在不想,將來也不打算
改正這種行為。這種人對自欺欺人的行徑樂此不疲,而對正直
誠實的生活不屑一顧。我們經常能夠看到這樣的現象,如果某
種誠實可靠的方法和陰險狡詐的方法同時能夠實現自己的個人
目的,那麼人們往往會拋棄前者而採用後者。日久天長,他們
會漸漸開始相信自己編織的幻境,對自己苦心捏造的謊言毫不
懷疑,最終淪陷於這種自欺的騙局中不得自拔。

對於那些兩面三刀的人來說,唯一足以讓他們感到為難的
事情,就是實話實說、直言不諱。很顯然,他們並不懂得這
些真理,而他們的整個人生都將與正確的道路背道而馳,最終
在迷途曲徑上四處徘徊、躊躇不前。對於他們周圍的人來說,
與這些人相處的最好方法就是,盡量不要和他們進行接觸。如
果非要結識他們,那麼你必然會為此付出一定的代價,而且還

會給自己帶來相當的痛苦。即便如此，你也不一定會有什麼收穫。對於這些說謊者來說，雖然他們不懂得正直言行的真理，也不具備真摯可靠的品性，但是他們卻清楚地知道，要想讓別人看得起自己，就必須要付出一定代價。你會發現，再也沒有其他人會像這些表裡不一、口是心非的人那樣，每時每刻都刻意彰顯自己誠信的品格，處處強調自己對真理的熱愛，憤恨地表達自己對欺騙的厭惡。他們不厭其煩地在人前表演種種虛偽的假像，但這頂多也只能蒙蔽少數的無知者，明智的人很清楚，只有這些人才會整天對自己的好處誇誇其談。對此，莎士比亞也表達過同樣的看法：「在我看來，那個女人在表白自己的時候過於誇張了。」

　　千萬不要產生這樣的想法：為了自己的「商業利益」，你可以聘用這類人物。難道一個清理瀝青的人不會反過來把自己弄髒嗎？

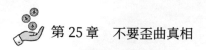 第 25 章　不要歪曲真相

第 *26* 章　時常保持好奇心

在現代商業領域，走在別人前面的往往是那些喜歡尋根究底、好奇心極強的人。好奇心會激發一個人所有的熱情和執著，而愚蠢之人不具備好奇心。成功是一個旅程，而不是終結。你應該不斷前進，武裝自己，尋找新的機會與挑戰。記住，好奇心是開啟成功的第一把鑰匙。

人們常說：「培養好奇心就是要在最大的範圍內使其得到滿足。」但是，我卻想要給這句名言補上一句話：「我們要像避開害蟲一樣避免對其他事物的好奇。」從表面上看，這兩句話似乎有點自相矛盾，但是，只要你明白這兩句話講的是兩種不同類型的好奇心之後，你就會茅塞頓開，覺得這兩句話實際上是相輔相成的。這裡所說的兩類好奇心，一類是合情合理的、正確的好奇心，而另一類是不應有的、錯誤的好奇心。

滿足錯誤的好奇心會導致精神上的不滿和煩惱，而滿足正確的好奇心則會產生精神上的滿足感和愉悅感。

錯誤的好奇心包括關注他人的事情，而這些事情本來是我們不該去打聽的。懷著錯誤好奇心的人總是喜歡關注自己鄰居的過失和愚蠢行為，關注身邊人違反道德、違反法律的事情，或者諸如此類的流言蜚語等等。簡而言之，一方面我們的良知

告訴我們，不要過於關注與自己無關的事情，因為這些事情我們沒有權利干涉，也不應該干涉，但從另一方面來講，錯誤的好奇心又會驅使我們過於關注這些事情。實際上，這些事情正是他們不想讓其他人知道或者處理的事情。

與此相反，正確的好奇心只關注人們應該知道的事情，這些事情也就是良知告訴我們的，所有主觀上和客觀上能夠做的事情，以及一切能夠幫助他人或者自己獲得幸福的事情。

那些總是懷有錯誤好奇心的人們，往往會長期處在一種精神失調的狀況當中，因為他們所好奇的本就是毫無實質意義的事情，因此他們追求的對象也都是那些難以捕捉的幻象。即使在某些情況下，從表面上看他們似乎已經得到了自己想要的東西，但是最終他們卻無可避免地感到強烈的不安，因為他們從中得到的所有，不過只是一場空而已。正如經典寓言中坦塔洛斯（Tantalus）的故事一樣，他們永遠解決不了口渴的問題。儘管水源就在他們力所能及的範圍之內，但是因為受到表面現象的迷惑，他們始終都得不到水喝。那些從來都不知滿足的人，以及那些怒形於色的人，總是會對他人怒氣沖沖，對生活抱怨不已，同樣，別人也會反過來對他們十分不滿，生活也會對他們的抱怨作出回應——讓他們陷入更讓人沮喪的境地。

一個人如果聽任自己發展錯誤的好奇心，那麼他的做法就違背了基督教的基本教義。基督教教導我們，要像別人對待我們那樣去幫助別人，而那些懷有錯誤好奇心的人們，他們的所

作所為卻恰恰與此相反。

　　如果你能夠培養自己合情合理的好奇心，那麼從品行上來講，這種行為不僅不會對他人造成任何傷害，而且你自己也會因此受益良多。對此我們不再進行過多的說明，因為這種做法的好處隨處可見。單就這一點，在本書的其他各章裡我們也或多或少地有所論及。

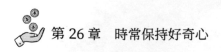

第 26 章　時常保持好奇心

第27章 勇者無敵

　　成功者在商界中的脫穎而出在於他們的「勇敢」，也就是面對任何誘惑力量或不良勢力時，勇於堅定不移地堅持走正確的道路。假如人人都一遇到誘惑就繳械投降，那麼所有人都在與平庸和失敗為伍，永遠不會有所成就。

　　一個人的膽量可以分為很多種。有些源於困境之中無私無畏的奉獻和犧牲，它們盪氣迴腸，往往讓我們心嚮往之；有些卻是自負武斷的匹夫之勇，只能令人深感痛惜。同樣是無所畏懼的行為，力排眾議、堅持反對販賣黑人的大衛‧李文斯頓（David Livingstone），艱辛跋涉傳播真理的傳教士，這些人會讓我們讚不絕口，但是，拳擊手泰森的蠻橫和殘忍，卻只能讓人感到憤慨和鄙夷。身為年輕人，你們必須學習的勇氣和膽量，絕非是逞一時的血氣之勇，而是那種無所畏懼的頑強鬥志。那麼，頑強和武斷、勇敢和粗魯之間的界線是什麼呢？我們不難發現其間的區別，李文斯頓以及其他與之相似的人之所以偉大，是因為他們的勇敢源於正直無私的追求，源於純潔高尚的信念，正是出於為理想犧牲的精神，他們才能夠具有堅定的決心和頑強的意志，才能在布滿荊棘的道路上無所畏懼、勇往直前。也就是說，他們的勇氣、信心和膽識都來自於他們的「精神

力量」。

　　身體在行動時迸發出的爆發力，以及遭受痛苦時展現出的忍耐力，這兩者並不等同於精神力量。相反，這種力量與精神力量常常呈現出彼此對立的關係。比如說，在一場艱苦卓絕的戰鬥中，有人能夠毫不猶豫地挺身而出，在槍林彈雨中突出重圍，或者冒死執行艱難而危險的任務。他們很清楚，假如衝殺在戰鬥的第一線，他們很可能會為此付出生命的代價。然而，這個時候的他們是無所畏懼的，有些人在得知自己並沒有被選去執行突擊任務時，反而會由衷地感到失落和沮喪。但是，我們卻也看到另一番景象，正是這群勇於拋頭顱灑熱血的勇士，在戰爭結束的和平時期，卻沒有勇氣斷然拒絕醜惡的行為。即使他們深知自己的行為違背道德，即使他們明白自己將要面臨良心的拷問，他們也依舊無力反抗，任由自己隨波逐流，屈服於懦弱的威脅下。由此可見，即使是那些在行動上異常果敢的勇士，也常常會由於意志薄弱而缺乏拒絕誘惑和反抗邪惡的勇氣。

　　由此可見，從某種程度上來講，精神上的力量要比生理上的忍耐力更高一籌。既然明白了這一點，那麼人們就應該從公正、正直、無私和善意的角度出發，作出比犧牲生命更為有益的選擇。因此，一個人如果能夠抵禦誘惑、抗擊不正之風，這才應該是真正的勇氣。然而事實卻並非如此，許多人能夠承受生理上的極度痛苦，甚至勇於拋卻生命，但卻仍然會因為無法

抵禦誘惑，或者出於簡單的從眾心理，從而無法讓自己的良知發揮力量，最終屈服於惡魔的召喚之下。

犧牲生命和抵禦誘惑比起來，前者的分量顯然要沉重許多。當一個士兵在戰場上毫不猶豫地拿起炸藥包，準備捨身炸毀碉堡時，他對於死亡已經毫無畏懼。因為他很清楚，即使僥倖存活，自己也將要在戰地醫院裡度過痛苦難熬的日子，忍受難以想像的生理痛楚。但是，這些後果並不足以讓他心生畏懼，他仍然能夠為了勝利和希望而奮不顧身。可是，如果有人試圖透過花言巧語引誘他做出不義之舉，或者因為他猶豫不前而對他冷嘲熱諷、惡言相向，他卻因為無法忍受流言蜚語而敗下陣來。我們不禁要問，為什麼人們能夠在緊要關頭連生命都不顧，卻無法在和平環境中抵禦一時的誘惑呢？這的確是人性最為複雜的問題之一，惟其複雜，我們才很難找到合理的解釋和正確的對策。

年輕的朋友們，假如你的身邊有一些心懷叵測的人，他們不斷地慫恿你去做一些錯誤的事情，而你所受過的良好教育以及你內心的美德都在告訴自己，說你絕不能輕易就範。在這種情況下，你往往就會陷入兩難之中：一方面你並不能果斷地拒絕外界誘惑，另一方面你的良知又在不斷地反問你、警告你。那麼這時候，你就一定要提醒自己：只有做錯事才會令人後悔或內疚，而現在我正準備作出正確抉擇，這又有什麼值得羞愧和遺憾的呢？至於那些想讓我低頭就範的人，他們又是什麼

人？他們有什麼資格指使我，教導我應該做什麼、不應該做什麼？無論從哪個角度來看，這些人都是思想卑劣、內心自卑的人。你們要知道，這些多行不義的人之所以希望你去做壞事，是因為他們希望有人比自己更加卑微，這樣一來他們才能感到一些安慰。那麼，在明白了這個道理之後，你們還有什麼可擔心的呢？既然你們占據著道德上的制高點，那麼你們就無須理會那些好事之人的閒言碎語。難道這個世界會為那些蠱惑他人的魔鬼去喝彩，反而責難那些抵禦住誘惑、自省自勵的人們嗎？誠然，答案是否定的，但是即便如此，為什麼在實際生活中，還會有許多人因為承受不住嘲諷和利誘而違背自己的道德良知呢？我們會發現，這些人之所以做出不義之舉，往往只是出於一時的衝動，但他們卻無一不在事後懊悔不迭。這真是一個周而復始的循環，我們恐怕很難找出其中的原因，也很難發現解決的辦法。但是，從另一個角度來看，最簡單的辦法也就是最正確的辦法，那就是清楚地表明自己的立場，勇敢地承認自己的態度，鼓足勇氣去說不。我們不妨回想一番，在現實生活中，其實很少有人能夠斬釘截鐵地回答說：「不！我不能這麼做。不管結果是什麼，不管會有多少人諷刺和嘲笑我，我都不能這麼做。」有些人可以面對生命的威脅，可以忍受負傷的痛苦，但卻無法對他人的冷嘲熱諷無動於衷。說到底，這是因為他們缺乏面對質疑和譴責的勇氣，甚至可以說，他們缺乏那麼一點自信。雖然這個結論可能並不令人愉快，但是我卻不得不

說：「雖然令人備感遺憾，但這就是事實本身。」

　　在事業開始的最初時期，對於一個年輕人來說，首先必須確認的一點是，自己能夠在上帝的指引和幫助下，擁有足夠的勇氣站在多數人的一方，對任何公開或者隱蔽性的錯誤行為勇敢地說「不」，對於那些違法犯罪、害人害己的行為堅決加以制止。心中有著這種信念的人，一定是明辨是非、愛恨分明的人。對於年輕人而言，正直高尚的道德力量將會成為他們不斷奮鬥的精神動力，為他們的成功提供必不可少的助燃劑。試想，假如一個人沒有勇氣去抗爭不正之風與不義之舉，沒有力量去抵禦他人的冷嘲熱諷，那麼他又怎能有足夠的決心和毅力去克服成功道路上的種種艱難困苦呢？從另一方面來講，如果你從不違背自己的良心，任何時候都勇於拒絕不義之事，那麼久而久之，你的身邊就不會再有任何唯唯諾諾、人云亦云的小人，自然也就不會再聽到這些人的冷嘲熱諷。那些慫恿年輕人做出惡行的人們總是會說：「我們這麼做也不一定就是錯的，不僅沒有違反常規，而且更沒有犯法。我們只是比別人多了一些心機，用更輕鬆的方式賺點小錢而已。好多大人物也是這樣做的，我們又何必害怕呢？」除此之外，他們往往還會安撫你說：「反正又沒有人知道，最後也沒有人能夠查得出來。」簡而言之，這些人所用的伎倆就是激發你的僥倖心理，讓你覺得違背道德並不是什麼大不了的事，或者未必會遭受懲罰。

　　這種漸漸腐蝕我們心靈的誘惑和慫恿，往往比強人所難更

為有效，也更加危險。人們可能會對明顯的邪惡之舉堅決拒絕，但是卻很難對「糖衣炮彈」有所察覺。當所有人都違反道德底線，並且對你的堅持冷嘲熱諷、橫加指責時，你反而會變得更加警醒和堅定。但是，一旦這些人轉而採取勸慰和鼓動的做法，用種種花言巧語在無形之中誘導你時，你便會輕易放下戒心，屈從於這種短期利益和誘惑之下。可見這種隱蔽的利誘更容易讓人們違反原則。不過，即便如此，我們依然能夠透過培養說「不」的能力，來拒絕各種直接或間接的蠱惑和慫恿。無論這些蠱惑來自何人，也無論它們包裹著怎樣的外衣，只要心中滿懷上帝的旨意，時刻尋求上帝的幫助，我們就能夠摒棄邪惡，充滿勇氣和力量，並且將正義和良知堅持到底。

這種勇於說「不」的勇氣，並不只是在我們受到蠱惑時才有用武之地。實際上，在我們的商務生活中，無時無刻都需要這樣的膽識和氣魄。學會對他人說「不」，這其中包含了職業生涯中最需要的勇氣。與此同時，我們在面臨小小誘惑時所作出的選擇，往往比面臨重大問題時作出的選擇更能看出一個人的本質。因為我們的生活中出現的往往都是瑣碎的小事，而這些瑣事的出現通常都在人們的意料之外，而在處理和面對這些小事時，我們必須不假思索立即作出決斷，因此在缺乏深思熟慮之時的選擇，其實更能反映出我們心底最深處的品性。因此，如果想要培養自己面對誘惑時的淡定和拒絕不義之事的勇氣，我們必須從生活中那些微不足道的小事開始，從一點一滴開始，

做到嚴格律己，謹言慎行。

那些引導人們一點點步入歧途、最終犯下大錯的誘惑，往往都是慢慢累積起來的。它們通常以迂迴的方式前行，以最隱蔽的形式，用最諂媚的言語，毫無察覺地進入人們的腦海中，最終引誘人們在至關重要的問題上釀成大錯。反之，對於那些較大的風險，人們往往會提高警惕，所以說，反而是那些微不足道的誘惑會在不知不覺中一步步侵蝕我們，讓我們沒有足夠的時間抵禦邪念的蔓延。在我們尚未來得及拿起道德武器進行自我防衛時，我們就已經深陷泥潭之中，無法脫身。

想要抵禦這些小小的誘惑，防止它對我們的侵蝕，最關鍵的一點就是，在它們第一次來臨時便將它們拒之門外，這一點至關重要。假如你能夠在第一次面對誘惑時，就對慫恿自己違背道德的人們堅決說「不」，那麼久而久之，你的拒絕就會愈加有力，而那些好事之人在多次遭到拒絕後，大都會放棄對你的利誘和攻擊。要知道，那些試圖誘惑你做出不軌之事的小人，絕不會在遭到一次拒絕後就輕易甘休。因此，捍衛道德、維護正義需要我們付出長久而認真的努力。在你勇敢地一次又一次地拒絕蠱惑之後，那些想要引誘你踏入歧途的人只會無奈地對其他想要誘惑你的人說：「別浪費時間了，以後再也不用問他類似的問題了！他是不會動心的，我們這樣做只是白費工夫。要知道，他和我們不是一類人。」

 第 27 章　勇者無敵

第 28 章　克制自己的壞脾氣

　　品格與素養的較量往往就是一個小細節。在追求成功的商業之路上。更多錯誤的產生並不是能力不夠，也不是不能避免，重要的是你要養成習慣。如果一個人自知脾氣不好，就應該盡量自我控制，當這種控制形成習慣，他也就已經成功了一大半。

　　對任何一個人來說，把自己和「脾氣暴躁」這樣的詞連繫在一起，總是件令人不快的事。人們一貫認為，「脾氣暴躁」這樣的詞含有貶損的意味。因此，當人們在說起某人「脾氣很大」時，他的意思就是說這個人「個性暴躁、令人不快」。反之，如果想表達相反的意思，比如試圖對某人進行肯定和稱讚，人們則往往會說：他脾氣很好，或者他沒有脾氣。這真是一種很微妙的褒獎，也就是想要透過間接的方式告訴他人，這個人內心平和、為人和善。

　　「壞脾氣」這個詞往往比「好脾氣」出現的頻率更高，因為我們隨處都可以聽到周圍的人在抱怨，抱怨某某脾氣不好。所以，我們有必要設法管好自己的情緒，控制自己的脾氣，以便更好地與人相處，增進合作關係。俗話說和氣生財，商業上的許多成功都取決於平和的態度和豁達的心胸。就這一點而言，

那些脾氣暴躁的人往往則更顯得心胸狹窄，粗暴無禮，也就更難博得他人的信任和喜愛，因此也會失去不少合作機會。《聖經》中就對那些心平氣和的人表示讚賞，這些人總是能看到生活中美好的一面，而人們也總是希望和這樣的人相處共事。可想而知，又有誰喜歡與一個動輒暴跳如雷的人一起工作呢？

在所有商務糾紛的案件中，因為彼此爭論而導致商談失敗的情況時有發生。勝利總是屬於那些能夠控制自己脾氣的人。脾氣就是這樣，誰戰勝了它，控制了它，馴服了它，誰就能夠免受它所引發的傷害，避免它對自己造成某些損失。

那些脾氣不好的人往往令人厭惡，然而，想要對他們表示出不滿和憤恨，卻是一件棘手的事情。可以想見，如果我們在很多桶火藥中放上一盞燈，那麼會造成什麼樣的後果呢？必然是隨時都有發生爆炸的危險。但是，如果你勇於對他們提出抗議，並且試圖勸說他們改正這種危害他人的缺點，那麼幾乎每一個人都會告訴你說，他們無法克服這一缺點。他們還會告訴你說，其實他們也是身不由己，他們也想要改正這個缺點，甚至也曾嘗試過改掉這個習慣，但實在是很難做到。

事實上，如果一個人能夠拋開事情的結果不談，暫時也不論成敗，只是集中精力來控制自己的情緒，那麼，這就好比壞習慣大多是在不經意中養成的那樣，透過堅持不懈的努力，我們也同樣可以在不經意中養成良好的習慣，並以此來克服自己脾氣暴躁的個性缺陷。這個過程一開始或許會十分困難，但

是經過一次次的努力嘗試，下一次再控制脾氣就會變得容易得多。當你感到自己怒火中燒的時候，最好讓理智先行一步，比如說，你可以及時進行自我暗示，在口中默念：「別生氣，這件事情不值得我發火」，或者「怒氣衝天是一種愚蠢的表現，這樣解決不了任何問題」。同樣，你也可以在自己即將發火的時候命令自己：不要發火！堅持一分鐘！一分鐘堅持住了，好樣的，再堅持兩分鐘！兩分鐘都堅持住了，我已經開始能夠控制自己了，不妨再多堅持一分鐘。三分鐘都堅持過去了，為什麼不能再堅持下去呢？所以，歸根結底，就是要用你的理智戰勝情感。

這裡我想問的是，如果你再次遇到這種情況，你會怎樣做呢？如果你曾經能夠克制自私自利的行為，控制住了自己的壞脾氣，那麼，你是否同樣也能體諒自己的下屬，也能體會到其他人的想法？你是否能意識到，只有控制住自己的脾氣，才會對你的事業大有裨益？你從前想過這一點嗎？仔細回想一番，過去你發火的對象是不是總是自己的下屬和隨員，以及那些心地善良、生性平和，無論你怎樣大發雷霆也不會與你斤斤計較的人呢？

實際上，那些任由自己被壞脾氣操縱的人，彷彿是被惡魔禁錮了自己的心靈一樣。因此，我們必須想方設法擺脫壞脾氣對我們的桎梏。一點也沒錯，相比來看，那些動不動就怒氣衝衝的人，反倒更會屢屢受挫、處處碰壁。如果一個人能夠控制好自己的脾氣，無論遇到什麼樣的情況，他都會首先保持平和

的心情，那麼他就能真正獲得情感上的自由。正如前文所述，即使是最普通、最平凡的人，也完全有能力克服自己的一時憤怒，讓自己的脾氣服從自己的指揮。既然能夠對憤怒的情緒進行人為控制，那麼我們為什麼不按照上述方法身體力行呢？只要你意識到壞脾氣的害處，能夠為了克服這一惡習而不懈努力，你就一定能夠獲得成功。歸根結底，問題的關鍵就在於，你是否具有強大的動力和頑強的意志力，而這一切不在於他人，而是取決於你自己。

第 *29* 章　期望越高，失望越大

　　要想在商場上獲取成功，對目標期望值的掌握至關重要。誠然，這種期望值雖說少有固定不變的標準，但必然要適度。一旦期望值脫離實際，不僅沒有指導意義，還會導致更大的失望。所以，期望必須適度合理。

　　在仁慈的上帝賜予我們的所有感覺和情緒中，希望無疑是最為有力、最為溫暖，也是最為持久的一個。當一個人身陷絕境、四面楚歌，或者貧困潦倒、無以為生時，或者當他覺得一籌莫展、舉步維艱時，只有希望不會離他而去，只有希望還能給予他奮勇前行的勇氣，賜予他披荊斬棘的力量。儘管他感覺自己被絕望和無助的烏雲重重圍住，但是希望的光芒會穿透層層濃霧直抵心間，讓他滿懷重整旗鼓的熱情和東山再起的志向。我曾經聽到一位飽經風霜的成功商人，在面對挫折和絕望時這樣說過：

　　「一個人如果拋棄了希望，那麼他的生命也已消亡。」

　　人們很容易相信自己的期待和希望，所以在這裡，我想要談一談人們對於期待的一些錯誤看法和認知。很多人對前途充滿了一種盲目的希望，這是一件非常危險的事情。所謂期望，

第 29 章　期望越高，失望越大

就是在心中給自己定下一個追求的目標，或者為自己立下某種標準，而後以此為準繩，不斷地要求自己，鞭策自己，為了這個目標或標準刻苦努力，奮發圖強。倘若他在一定時間內未能達到這一目標和標準，因此感到一種發自內心的傷心與痛苦，這就是所謂的失望。由此看來，期望與失望是有一定關係的，而這二者之間的關係則影響著人們的心情和思想。

一般來說，一個人的期望值定得越高，失望的可能性也就越大。有些人總是懷抱一種急功近利的心理，或者天生就具有急於求成的性格。出於這一點，他們對自己或他人定下的目標往往都過高，已經完全超出了他們的承受能力。而一旦期望脫離了實際情況，其結果必然會導致極大的失望。

在人的一生中，期望必不可少。當你奮力奮鬥之時，如果沒有引領你前進的導航，你就會失去奮鬥的勇氣，迷失於人生的座標之中。倘若一個人置身於汪洋大海當中，漫無目的地四處亂闖，那麼即使最終到達了某塊陸地，也完全是誤打誤撞，而不是自己所追求和期望的目的地。更何況，想要依靠這種方式來如願以償地到達目的地，這種情況本身就極為罕見。因此，無論是在日常生活中，還是在學習和工作中，每個人都應該有自己前進的航向，給自己定下一個奮鬥的目標和標準，否則就只能盲目地四處亂闖，最終不僅害人害己，甚至還會留下一生的遺憾。

人們總是會對生活產生各式各樣的期望。然而期望越多，

失望的可能性也就越大。只是一味地為了追求更高的要求而亂定目標，過於要求自己，或者讓自己過度操勞，完全忽略實際情況，這樣的努力不僅無法達到預定的目標，而且很多時候還會適得其反。期望不能如己所願，失望之後又滿腹懊喪，於是自己就鑽進了死胡同，陷入自悲自嘆、自憐自恨的境地，有些人甚至還會因此而悔恨終生，不能自拔。

　　每一個人都應該有自己的期望，都應該為自己定下人生的目標與追求的方向，只要我們定下的期望合情合理，合乎實際情況，那麼在我們前進的道路上，期望就會成為一股積極的動力，不斷地推動我們前行下去；反之，倘若期望脫離了實際，就會成為我們不斷進取的絆腳石，並且像藤蘿一樣牢牢纏住我們努力攀登的步伐。所以，最本質的問題並不在於有沒有期望、要不要期望，而在於期望本身合不合理、可不可能。當我們的期望值高於生活的實際可能時，多數情況下我們會感到十分失望；反之，當我們的期望值低於生活的實際可能時，我們就會少去許多失望。期望值越高，失望就會越大；同樣的道理，期望合情合理、切合實際，那麼失望的情況就會變得越來越少。

　　因此，我們定下的期望應該合乎自己的實際情況，不能一味地追求高標準而脫離現實，甚至到了十分離譜的程度。比如，一個短跑運動員一百公尺的成績是十三秒，但是他的教練卻給他定下了十秒甚至八九秒的目標，那麼最終這個運動員只能感到悲觀失望，同時產生消極抵抗的情緒，甚至與教練唱反

調，或者聽之任之、放任自流。反之，如果教練定下的目標是十二秒，或者十一秒左右，而這個目標與他曾取得的成績相差不遠，他能夠看到成功的可能性，於是就會為此努力奮鬥、全力以赴，而在這種希望的曙光下，奇蹟很可能就會發生。所以，無論是對人還是對事，我們所確定的期望值都不能過高。只有當期望的結果接近人的實際能力時，人們才會滋生出強大的內在動力來，並以此激勵自己不斷奮鬥。如果把期望值定得太高，反而更容易讓人陷入沮喪絕望的境地之中，最終落得停滯不前的下場。

期望過高固然不可取，但是期望過低同樣也不可取，因為這樣會使你失去人生應有的勇氣和動力，甚至因此錯失諸多良機。人的期望值應該接近實際可能值，並圍繞它上下波動。期望值明顯過高時應該下調，期望值明顯過低時應該上調。不過多數的情況是，我們並不真正了解生活的實際可能值，在這種情況下，我們的期望值就會或高或低，直至接近實際值為止。毋庸置疑，這個不斷摸索與上下波動的過程是不可避免的，也是至關重要的。在人生的道路上，沒有人能夠告訴我們這個實際值的具體標準，而在大多數情況下，這個問題的答案只能靠我們自己去摸索。當我們對生活中的實際值還不夠了解時，我們就不能把期望值定得太死，而要作好或高或低的兩種心理準備，這樣我們才能夠避免許多意外和驚慌，從而多一份從容與鎮定。

從以上分析來看，合理而正常的期望不僅是必不可少的，也是可以被理解和接受的，而與之相反，不合理不正常的期望就有必要進行改正，並及時作出正確調整，否則不僅害人害己，而且還會讓自己錯失良機，最後只能獨自吞下由此帶來的不利惡果。世上沒有後悔藥，所以，當我們的期望沒能如願時，我們應該在失望之後冷靜下來，調整一下自己的預期，改變一下自己的策略與目標。

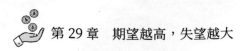 第 29 章　期望越高，失望越大

第 *30* 章　直面困境，永不退縮

　　直面困難，是積極克服困難的第一步。偉人之所以偉大，是因為當他與別人共處逆境時，別人失去了信心，他卻下決心要實現自己的目標。在困難面前，舉手投降只會是徹頭徹尾的失敗。

　　當你遭遇難題而陷入舉步維艱的境地，或者處理問題落入躊躇不前的狀況，那麼針對這些困難而言，最為直接、有效的方法莫過於直面困難，以一顆平常心來對待困難，將困難視為普普通通的工作，而不應看作是不可逾越的障礙。越是龐大蕪雜、困難重重的工作，越是要試著按照對待普通工作的態度來對付它，一步一步地展開行動，循序漸進地解決問題。拿破崙曾經給「困難」一詞下過這樣的定義：困難不過是「我們必須戰勝的某件事情」而已。因此，我們不妨借鑑拿破崙的這種精神，以平靜而理智的態度對待前行路途中的所有挫折和困難。

　　誠然，我們承認「時不我與」，但是我們也承認，只要投入足夠的精力，隨著時間的推移，複雜的工作就一定能完成，棘手的問題也必定會得以解決；反之，一旦困難來臨，就喪失鬥志、丟盔棄甲，面對問題就止步不前、躊躇徘徊，只是等待時間一分一秒地過去，那麼我們只會陷入更加危急的困境。可

見，雖然時不我與，但是我們必須要堅定地作出抉擇：要麼完成自己的工作，要麼落入絕境，而這一切並不是什麼複雜的過程，完全取決於我們採取什麼樣的態度來對待。所謂狹路相逢勇者勝，就算是面臨再大的困難，我們都必須保持清醒的頭腦和與之作戰的勇氣，假如因此怨天尤人、坐以待斃，那麼這樣的人不是愚蠢又是什麼呢？

　　道理雖然盡人皆知，但是仍然有許多人在處理棘手的工作時聽天由命、坐失良機。無論面對怎樣的困難，我們首先必須培養的就是戰勝困難的勇氣。堅定地面對困難，堅強地處理危機，直到成功地解決問題，這才是我們應該採取的態度。在氣餒和無助的時候，我們不妨告訴自己：「如果現在我不堅強起來去戰勝這個困難，我將面臨慘敗的處境。我知道我一定能戰勝它，因為我有足夠的能力和堅強的意志，所以我一定能夠贏得最終的勝利。」這種精神無疑會對你事業的成功大有裨益。每個人在一生中都會面臨各式各樣的困難，而當困難突襲而至時，你甚至還沒開始尋找解決途徑，就已經準備舉手投降，放棄作戰了，那麼你就等於已經失敗了一半。因此，對於所有剛剛踏入商界的年輕人來說，無論身處何種境遇，都應該讓自己滿懷必勝的信念，而不是變得患得患失、裹足不前。當你害怕失敗時，你就已經失敗了一半。但凡想要事業有成的年輕人，都要記住這樣的道理：一定要時刻鼓足勇氣，勇敢地面對工作中的

各種困境，理智地思考問題的對策，智慧地贏得時間的幫助，
這樣才能最終獲得事業上的成功，並由此實現自己的人生價值。

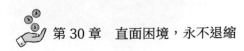 第 30 章　直面困境，永不退縮

第 *31* 章　樂對挫折，不用哭

　　無論是生活還是工作，難免有高峰也有低谷，挫折其實就是邁向成功所應繳的學費。不同的是，積極的人在每一次受挫中都看到一個機會，而消極的人則在每個機會中都看到無法逾越的困難。

　　在瞬息萬變的商務生涯中，如果我們能夠始終保持一帆風順的狀態，這自然是再好不過。我們每個人也都希望，每一筆交易都能夠順利地完成，每一個訂單都能夠按時保質地交付，所有的工作都能夠得心應手、事半功倍。然而，現實的情況往往大相徑庭。試問，在瑣碎繁雜的日常工作中，誰沒有遭遇過令人沮喪的意外？誰沒有和他人產生過爭執和分歧？我們的工作中總是充滿了各式各樣的矛盾和摩擦，有時災難從天而降、毫無徵兆，讓人猝不及防；有時各種細枝末節煩瑣複雜、毫無頭緒，讓人束手無策。即使是僅僅在某一天裡，也很少有人事事順利、毫無波折，更何況在漫長的商務生涯中呢？我們總是抱怨他人為我們帶來了麻煩和不幸，可是誰又能斷言，自己從未因為疏忽和錯誤，給身邊的同事朋友帶來煩惱和痛苦呢？

　　無論挫折是自己造成的，還是由他人帶來的，工作中的波折總是客觀地存在著。但是，面對挫折時種種不同的態度，卻

可能產生完全不同的後果。如果樂觀地接受挫折，積極地應對困難，我們就能夠用自己的毅力克服工作中的不順，從而獲得長足的進展；反之，如果恐懼困難、怨天尤人，那麼困難就會讓我們變得怯懦，成為我們的主人，進而操控我們的成敗。我們無法控制其他的因素，但是有一點可以肯定：能否戰勝工作中的挫折，完全取決於我們怎樣看待挫折。挫折就像是蚊蟲叮咬，如果你不慍不火，對叮咬的傷口進行「冷處理」，那麼你就會免受許多又癢又痛的折磨。如果你急不可耐地抓傷口，那樣只會導致傷口感染，從而讓事情越變越糟。

　　通向成功的道路從來都不會一帆風順。我們無法避免挫折，這一點的確令人遺憾，但是，我們卻可以盡可能地將麻煩減到最少。很多朋友面對挫折的態度都讓我十分讚嘆：即使工作繁雜、任務艱難，甚至是屢戰屢敗，他們也會敞開心扉迎接所有的不快，彷彿這些不快是生活與生俱來的組成部分。正如莎士比亞《無事生非》中的那個警吏道格培里（Dogberry）一樣，如果你能夠對自己的「損失」感到驕傲，並且因為這些「困難」的存在而心生滿足，那麼你就能夠從這些不幸中看到積極的意義。真正思想成熟、頭腦睿智、心胸開闊的人，必然能夠勇敢地面對生活中的種種挫折，只有小孩才會在受到傷害時手足無措，號啕大哭。因此，與那些在遭遇困難時只會怨天尤人、自怨自艾的人相比，他們才是生活中真正的強者。

　　除了樂觀地面對挫折，我們還可以換個角度來看待挫折。

禍兮福之所倚，福兮禍之所伏，即使是最不明事理的人也懂得這個道理。因此，既然挫折有令人痛苦的一面，也就應該有使人受益的一面。對於那些機敏智慧、善於觀察的人來說，每一次挫折都是一次經驗教訓的累積。莎士比亞早就看到了這一真理，所以才把生活中的挫敗比做「蟾蜍鼻子上的珠寶」。我們之所以會遭遇失敗，究其原因，往往是因為我們自己的疏忽和魯莽。因此，每一次挫折都是對我們的警醒和懲戒。讓我們銘記教訓，以免在將來造成更加嚴重的錯誤。

至於那些與我們無關的錯誤，即使完全是因為他人的過失才產生的那些意外，我們也一樣能夠從這些意外之中學到前車之鑑，以免自己將來重蹈覆轍。失敗也好，考驗也罷；意外也好，錯誤也罷；或者是其他任何名詞，它們都不過是外表的假像，而真正蘊涵在這些名詞之下的，是上帝對我們的警示與關愛。大智大勇的古希臘異教徒約瑟夫在遭到驅逐、流放埃及時，仍然滿懷感激地寫信給自己的妻子，在講述自己面臨的痛苦和艱辛時他寫道：「所有這些都是因為我還不夠完美，只要我還沒有達到最高的境界，這就是上天對我最好的磨練。」正是他在雅典所遭遇的那些失敗和屈辱，為他日後的成功和榮耀奠定了堅實的基礎。在多森城，約瑟夫被自己的同伴出賣，慘遭陷害的他似乎看起來已經瀕臨絕境，絕無重整旗鼓的希望，但是忠貞的信仰和堅定的毅力幫助他克服了困難，讓他在埃及獲得了比皇權更為高貴的、無與倫比的地位。所有他曾經面臨的絕

境和逆途，所有他所遭受過的挫折和不幸，此時都成為他高貴地位的墊腳石。

　　說了這麼多，我親愛的讀者朋友們，身為剛剛踏入商界的年輕人，在你們開始開創自己事業伊始，難免會犯經驗不足的錯誤。也許有時你們會感到，生活中充滿了各種令人沮喪的麻煩事，讓人沒有招架之力。但是在此時，你一定要相信，只要我們端正態度，用良好的情緒面對挫折，就一定能夠克服困難，將痛苦轉化為力量和教訓。因此，在面臨挫折時，我們沒必要哀嘆自己的不幸，因為當你走過最為艱難的這段路之後，你就會由衷地感激這些苦難。從某種角度來說，正是這些苦難和挫折成就了我們的成功，成為我們人生最有價值的財富。

第32章　有批評，那是因為你值得批評

接受富有建設性的意見，不要只顧自衛，而要將之視為改善的機會。要承認自己的不足，接受合理的批評，並坦白地與人研究，找出改善自己行為的方法，避免為別人帶來不必要的影響及後果。倘若遭遇人身攻擊，不妨難得糊塗一次。

在前面談論脾氣的章節中，我們提到，凡是那些按捺不住憤怒、動輒大發雷霆的人，在他人的眼中往往是一些「難以取悅」或者終日「鬱鬱寡歡」的傢伙。事實上，這些暴躁易怒的人更多時候是在和自己過不去。他們的暴躁和憤怒恰恰表現出他們內心的焦慮和不安。

另一類容易暴怒的人，就是那些無法忍受任何詆毀和批評的人，這些人最害怕的事，莫過於他人對自己的責難和厭惡。一旦有人對他們表示出嫌惡的情緒，他們就會因此而夜不能寐、寢食難安。對於這些人來說，如果他們能夠仔細思考，就會發現自己的焦躁和不安不過是庸人自擾罷了，這種拿他人的錯誤行為懲罰自己的舉動，實在是一種極不明智的選擇。因為這些不快並不是源於其他人，而是自己讓自己感到傷心痛苦。

我認識一位非常成功的商人。有一次，這位商人的一位朋友和我聊天，在提及他時對我說：「如果你真正了解他，你就

會知道他是個什麼樣的人。我們天天見面，做了幾十年的朋友，可是我卻從來沒有聽他說過任何人的壞話，甚至連不滿和鄙夷都沒有。不過你也許會發現，他總是真心誠意地欣賞別人的優點，哪怕是那些微不足道的一技之長，他都會由衷地表示讚嘆。對於他喜歡和欣賞的人，他總是能夠當面指出他們的不足，並且提出自己的建議；反之，對於他不喜歡的人，他總是保持緘默，對他們表示出最大程度的尊重。因此，時間長了你就會發現，假如他對某個人的行為不置可否，或者從不評價某個人，那就是說他並不看好這個人。」

在我看來，以上這位成功人士對待他人的態度，正是我們處理自己與他人關係時最好的方式。如果我們不想違心地讚賞某人，那麼至少我們可以最大限度地保持緘默，而不是倨後恭，陽奉陰違。這麼做不但可以避免傷害他人，而且可以成全自己的平靜和快樂。以我從商這麼多年的經驗來看，所有喜歡批評他人、待人刻薄、吹毛求疵的人，大凡是自己的生活不好、內心不快樂的人。與此同時，這些人往往心胸狹窄、鼠肚雞腸。

在從商的過程當中，我們往往要面對一些並不欣賞自己的人。有時候，這些人不僅對我們沒有好感，而且還滿懷敵意和怨恨。這樣的人往往會變成我們隱性的敵人，或者成為我們強硬的競爭對手。為了達到某個目的，他們不惜對我們惡言相向，甚至故意從中作梗、妖言惑眾。無論對什麼人來說，這種

傷害都是令人痛苦並且難以承受的。但是，如果我們能夠適時調整自己的心態，以悲天憫人的情懷來看待這些無緣無故對你惡意中傷的人，那麼你就會感到他們是多麼的卑微和可憐，而他們對你造成的傷害，反而沒有他們本身那樣可悲。正是因為你站在了一個強者的地位，才會引起他人的嫉恨和陷害。因此，假如你遭遇不公或者受到無謂的指摘時，大可調整自己的心態，更加積極地看待困境。

毫無疑問，遭受他人指責或者惡語中傷是一件令人難以忍受的事，然而現實總是這樣嚴峻和殘酷，我們沒有選擇和改變的權力。因此，在面對不快和委屈時，我們只能無條件地接受，坦然地去面對，並且用自己最大的耐心和毅力化解誤會。

在面對他人的誤會、懷疑和指責時，我們只能調整好自己的心態，用一種寬容和憐憫的態度來積極應對。這個方法雖然不能立即讓那些幸災樂禍者消除敵意，也不能即刻讓落井下石的對手放下怨恨，更無法讓他們在瞬間化敵為友，成為我們可靠的商業夥伴，但是卻能夠舒緩我們內心的不悅和委屈，減少他人對我們造成的傷害和損失。也許透過觀察以下事例，我們就能夠看出，在面對無端的指責和非難時，最明智的辦法是不予理睬。無論對手如何挑釁，無論敵人如何囂張，我們都不要因為對方的言行和挑釁而惱羞成怒，更不要以怨報怨，做出與對方相同的事，或者說出和對方相同的話。相反，一旦你表現出毫不介意的態度，彷彿那些惡言惡語對你毫無影響，你的對

手就會敗下陣來，所有的流言就會不攻自破。千萬不要試圖以牙還牙，採取與對方相同的方式報復對方，這樣只會毀壞自己的形象，破壞自己的道德觀念，讓自己變成和對手完全相同的小人。假如你能夠擁有一顆寬容之心，對那些流言蜚語不予理睬，沉著地面對他們的幸災樂禍，這將是對敵人最好的還擊。最後我還想說，假如遭遇不公或者無故受人指摘，你一定要努力控制自己，不要四處訴說自己的委屈和不滿，而應該努力控制自己的情緒，自始至終對整個事情保持緘默。就如何面對誹謗而言，這條建議也許是年輕人最必要學習的一點。

我們反覆提到「敵人」這個詞語，他們可能對你惡意陷害或者落井下石，但是這些「敵人」卻各有不同。有些是出於他們的原因而對我們表示厭惡和仇恨，但有一些是由於我們自身的疏忽和錯誤而產生的。我相信，每個人都會盡力避免為自己製造出更多的敵人。我也相信，大部分人都不是天性好鬥的人，沒有人會對魍魅魍魎、鉤心鬥角情有獨鍾。當然，在日常生活和工作中，我們總是會不可避免地遇到一些不友好的人，他們不欣賞也不喜歡自己，或者我們對他們也毫無好感。那麼，假如你在工作中遇到這樣一類人，他們吹毛求疵、睚眥必報，或者總是苦大仇深，對你指指點點，不是向你抱怨和數落他人，就是向他人抱怨和數落你。那麼，我年輕的朋友們，當你們遇到這樣的人時，請安靜地走開。不要反駁這些人的惡語中傷，不要理會這些人的嫌惡。想要報復這些人，最有效的辦法就是毫

不理會。對他們的言行置若罔聞，就是對他們最有力的回擊。有時候，緘默比反駁更加有用，無視比解釋更為有效。要知道，那些使用卑鄙手段想要使你陷入麻煩的人，在看到自己的伎倆無法使你煩惱和痛苦時，他們也就沒有動力繼續實施自己的卑劣行為。在漫長的商務生涯中，我們必須對許多問題保持警醒和敏感的態度，但是在對待小人的陷害和中傷時，我們不妨大智若愚，故意裝成麻木遲鈍。俗話說，難得糊塗，有時候假裝糊塗反而是最為明智的選擇。

第 32 章　有批評，那是因為你值得批評

第 *33* 章　慎獨修身

　　人最大的敵人就是自己。大多數人可以「慎眾」，在眾人面前中規中矩，一絲不苟；而獨自一人時，自己的所作所為、所思所想是否仍能保持正直？「慎獨」最能考驗人的意志和品行，也只有能夠「慎獨」之人，才具備更強的潛力，才更容易創造成功。

　　曾經有人一針見血地指出：「當一個人無法忍受獨處，或獨處時感到極不自在，那麼，要麼是他同伴的品格令人懷疑，要麼是他本人所受的教育和道德修養存在問題。」

　　一個人如果總是獨來獨往，必定極其痛苦。人們即便不會因為孤獨而感到悲痛欲絕，至少也會感到惶恐不安。但是，對於那些害怕獨處的年輕人來說，他們的精力往往過於分散，無法集中到某一項工作中去。我們不妨試想一下，倘若把所有用於其他煩瑣事務的精力全部集中起來，那麼一個人可以完成多少工作！這些人沒有獨處的時間，也就不會去獨立思考和自我反省。如果能夠靜下心來，他們就會發現，自己之所以害怕獨處，是因為在潛意識中害怕面對自我，否則他們怎麼會盡自己一切所能想要逃避與自我相處的機會呢？誠實的人總會試圖避開狡詐邪惡的人，言語文明的人則無法忍受滿口粗話的人，

165

按照這個道理，倘若一個人連自己都不願面對，那一定是因為在面對自己時，他所看到的人已經醜陋到令他驚異和害怕的地步，讓他只能選擇躲避。即使不完全出於這個原因，至少也是出於對自己外貌的不滿，讓他無法喜愛和接受自己。在這種情況下，這個年輕人內心的價值觀一定是扭曲的，他沒有考慮一個人內在的品格，僅僅因為外在的表象就武斷地否定自己。

總而言之，所有畏懼獨處的人都會在不同程度上存在著自卑和不滿。從表面上看，不能獨處是由於他們害怕孤獨，時刻需要人陪伴，而從本質上看，這是由於他們的內心有填補不了的空白，必須依靠他人來打發時間。這不僅會令他們自己感到惶惑，也會讓他們身邊的人感到煩擾和不悅。因為無法獨處的人往往會為了擺脫沉重的心理壓力和過於糾結的思緒，而極其隨意地與身邊出現的人結為夥伴。他們會讓任何一個能夠連繫到的人陪伴，而根本不顧及對方的人品和個性。在沒有熟人陪伴的情況下，任何一個伴侶的出現，都會讓這些害怕獨處的人欣喜若狂，並將其視為知己。毫無疑問，沒有經過了解就隨意結交朋友，這必定是非常危險的事。

也許有人會反駁說：「怎麼可能會出現這種情況呢？假如一個人只是因為不願思考和逃避自省就慌不擇友、隨便找人來打發時間，那麼為什麼他不能找些完全不需要動腦子的事情去做，用這種方法來消磨時光呢？比如，除了呼朋引伴以外，還可以選擇讀書看報啊！」然而可惜的是，那些無法面對自己的

人，往往對書中的箴言更加畏懼。對他們來說，「靜下心來」讀一小時的書無異於一種痛苦的懲罰。由於畏懼現實和真理，很多人甚至只要想到書本就會感到焦慮不安。由此我們可以斷定，假如一個年輕人必須要依靠外物來維持對生活的熱情，絲毫不能忍受獨處的時光，那麼他一定是個精神貧瘠、品格低下、行為不良的人。

從另一方面說，假如一個年輕人能夠甘於寂寞，在任何獨處的情況下都能安排好時間，讓自己的生活時刻都充實而有趣，那麼我們可以確定地說，這樣的人只會和那些情趣高雅、品味不凡的人為伍。在這種前提下，他所結交的商界朋友或者業務夥伴，無疑都會是優秀的事業合作者。事實證明，很多後來聲名鵲起的成功人士，在踏入商界的最初階段，都是以獨立而低調的姿態開始學習商務知識、培養業務能力的。往往在他人還沒有注意到的時候，他們就已經透過反思和累積，獲得了長足的進步。

善於獨處的年輕人往往會有足夠的時間和充分的自由做自己喜歡做的事，離開了他人的說長道短和指指點點，他們反而能夠更快地發掘自己的潛力。即使是那些存在某種不良思想的年輕人，經過適當的獨處，當他們發現自己完全有能力勝任某項工作時，就會立即從渾渾噩噩的夢中醒來，以令人驚異的速度迅速成長。有一位歷盡世事的老者，在面對一個即將誤入歧途的年輕人時，看出了這位年輕人對世界的嚮往，這位老者很

清楚，一個年輕人學壞也許只是一瞬間的事，因為面對太多的誘惑，年輕人總是輕而易舉地走上歧途。於是，他對年輕人說道：「小心點，我年輕的朋友，仔細想想你正在做什麼，不要以為獨處的時候就沒有人知道你在做什麼。其實每一個人都像是住在一間玻璃房中，你的所作所為總是可以間接地被他人知曉。生活要比你想像的透明得多。」年輕人一旦鑄成大錯，就很難抹去汙點。如果不慎誤入歧途，那麼想要重新回歸正途，就會比墮落時難上一千倍，即使在事後後悔不迭，也只能是於事無補。對那些能夠獨處的人來說，他們不僅不懼怕面對自己，並且能夠透過審視自己發現問題，進而改正問題，避免悔恨終生。

　　除了謹言慎行、嚴格自律以外，幾乎沒有其他辦法能夠有效地避免走上彎路。因此，年輕人不妨從現在開始就建立這樣一個堅定的信念：無法獨處絕不是害怕孤獨那麼簡單，我們應該對這個問題進行深刻的思考與反省。獨處可以幫助我們理清思路，去偽存真，完善自我。慎獨是一種情操，一種修養，一種坦蕩，更是一種自律。如果一個人在獨自活動時仍然能夠保持高度自覺，按照一貫的道德規範行事，那麼他就會蘊藏更為強大的意志力。而只有發自內心想要嚴格自律的人，才能真正成為自己的主人。那些對慎獨修身滿不在乎的人，只能依附他人，最終成為惡習的犧牲品。事實上，沒有什麼比戰勝自我、成為自己的主人更能令人感到滿足和欣慰了。

第 *34* 章　了解友情的價值

　　成熟的人擅長與人交往，無論是客戶、同事、主管甚至是競爭對手，都能在他們中間游刃有餘，讓自己的工作順著這些網路得到更大的發揮空間。但不是每一個人你都要征服，有的人，不親近比親近會更有利於你的發展。

　　在某些場合，出於業務合作需求，人們不得不與那些平日裡從不會主動交往的人頻繁往來，這種隨處可見的商業關係就是如此複雜多變。儘管他們彼此的理念各不相同，但是也必須要忍受這些差異。他們不是真正的合作夥伴，但是業務的緊迫性讓他們不得不進行接觸，而他們之間頻繁的會面，也僅僅只是出於業務方面的原因，與所謂的友情毫無關係。

　　從這個方面來講，他們的結合有可能會讓自身變得更加強大，也可能導致自己變得更加脆弱。隨之而來的結果就是，無法避免地對自己的業務產生重要的影響。例如，合作的一方可能缺乏誠信或者聲譽不佳，但是就另一方而言，也許你與他們之間毫無私人過節，但是你對這些事情卻渾然不覺，因為他們會刻意向你展示他們具有優勢的那一面，而有意隱瞞那些不利於自己的資訊。同樣，對於他們在商業活動中慣用的那些狡詐行為和鬼蜮伎倆，他們自然也會對你守口如瓶。

　　但是這樣一來就會產生更大的危險，因為從本質上講，你們之間的關係不僅僅是合夥人，很大程度上也是一種朋友關係。如果你僅僅是因為業務關係與他們聯繫，透過正常的商業管道與他們見面，那麼這種接觸就不會有所深入，但即便如此，你與他們之間的連繫也的的確確存在著。那麼，無論這種存在多麼微弱，這種關係多麼淺薄，你也無法避免有些人對其進行誇大，甚至聲稱這是一種密切的連繫，然後把你歸為他們當中的一員，而你的名譽和品格就有可能因此遭受極大的損害。

　　面對那些質疑你的聲音，也許你會辯解道，「我們之間只是普通的商業關係，而不是真正的夥伴關係」，造成這種傷害的原因並非在於你們彼此之間的連繫。毫無疑問，事實的確如此，但是人們卻並不這麼認為。雖然有時候他們的結論過於武斷和草率，但是你卻不得不經常面對這樣的情況。對於那些信譽卓著、德高望重的企業來說，他們向來都會認為，自己的合作夥伴就像愷撒大帝的妻子那樣貞潔，一定應該誠實守信、無可指摘。

　　一位深諳人性的智者曾經說道：「觀其同伴，知其本性。」此外，還有一句話與上面這句格言幾乎如出一轍：「物以類聚，人以群分。」誠然，一個人喜歡交往的對象，往往都是那些與自己持有相同觀念、情感、生活方式與行為準則的人。不過，有些人可能會反駁說，某些人之間似乎並沒有什麼共通之處，但是最終也成了朋友。這種情況的確時有發生，但是這一事實並

不能否定上述觀點。如果我們能夠對這兩者進行仔細觀察，我們就會發現，他們之間並非是全然不同，依舊存在著某些相似的方面，而正是這些相似之處，在他們之間形成了牢固的紐帶。

　　從大多數情況來說，這句格言都不無道理。如果你能夠了解一個人的同伴及其好惡，以及他總是喜歡向誰求教，那麼從某種程度上說，你就能夠準確地推測出他的品味愛好、行為習慣以及事業前途，等等。透過仔細的觀察，我們就會發現，如果一個人的同伴舉止低俗、語言粗魯、習慣不良，那麼這個人的思考模式和生活習慣很可能也同樣如此。即使在一開始的時候，他的言行舉止與這些人有著很大的差別，但是隨著時間的推移，他也會變得像這些人一樣。

　　從反面來說，這一規律仍然能夠成立。顯然，對於人性稍有一點常識的人都會知道，一個人接受不良影響要比培養優良品格容易得多。但是，如果一個人能夠長期與那些心地善良、品行高尚、舉止有度的人來往，那麼耳濡目染，他的日常生活和商業活動就不可能完全不受他們的影響。因此我們可以說，儘管這種影響的速度十分緩慢，但是這些良朋益友卻一定能夠在潛移默化中讓你有所裨益。

　　有句古語說得好：「與愚者為伴，必遭毀滅」任何一個有意選擇愚人成為朋友的人，就是在進行道德上的自殺，因為他選擇了死亡，而不是人生。這裡所說的愚蠢，不是一般意義上與普通人比起來智商較低的所謂愚蠢，而是指一種更加有害、更

為可惡的東西。因此,我們必須遠離邪惡的誘惑,選擇仁愛的道路,讓自己沒有任何機會誤入歧途。否則,除了讓自己也變得愚蠢之外,我們還會長久地困擾於道德上和身體上的痛苦折磨之中。

　　有許多人就是因為年輕的時候沒有聽取老一輩的意見,當初不僅不對自己加以約束,而且從來都不反思自己的行為,以致現在對此深表遺憾。《聖經》上所說的這種情況雖然可怕,但對許多人來說,卻是一個不爭的事實。好在他們已經走過這麼長的道路,他們希望自己能夠作出改變。因為他們已經對此有所理解,即便是再普通的人也應該明白,明智的友情要勝過蒙昧的愚者。

第**35**章　尊重前輩

　　成功的人是跟別人學習經驗，失敗的人只跟自己學習經驗。商界前輩的建議和告誡，是他們自身的經驗教訓總結而來的寶貴箴言，是經過實踐檢驗的有力忠告，往經比其他資訊更為重要，也更為有利。

　　在商界中，許多經驗豐富的成功人士都會認為，在他們所選擇的那些朋友和顧問當中，至少要有一位是經驗豐富的老人，而這些長者在他們的創業之初發揮了巨大的作用。當然，我們可以認為，一般來說，年輕人的商業夥伴都是與自己年紀相當的人，而那些年長者必然會隨著年齡的增加，逐漸變得因循守舊、墨守成規。因此，幾乎所有的年輕人都認為，現代的生活方式遠比過去的生活方式更為適合。

　　從某種程度上來講，這種說法或許有一定的道理，然而卻並非是事實，或者說只有一部分是事實。誠然，如果我們因此就勸說年輕人多交一些年長的朋友，而不要四處結交年輕的夥伴，這無疑是一種極不明智的做法。但是，與前者相比，後者往往會由於缺乏經驗而四處碰壁，因此在從商的道路上，那些前輩的指引無異於黑暗中的一縷希望之光。對於正處在創業之初的年輕人來說，一位長者的三言兩語往往會發揮出意想不到

的作用。

　　然而有些年輕人卻認為，那些老商人所代表的觀點只不過是一些業已過時的陳規陋習，一堆毫無價值的說道教條。在這裡，我必須給年輕人以告誡，這種想法著實是大錯特錯。我們知道，在經商的過程中，想要與自己的商業夥伴維持一種友好的關係，我們就必須講究某些原則和方法，而這些原則和方法既不會立即消失，也不會很快過時。對於英國商人來說，這些原則始終保持著從未有過的新鮮和純粹，也正是因為這種品格和特性，英國商人才得以譽滿天下。在他們看來，只有經過長期的親身實踐，人們才能夠真正掌握事業成功的主導原則。但是，仍然難免有一些投機取巧之徒，想要僅憑這種經驗就耍弄花招，玩弄詭計，使用一些卑鄙手段，妄圖從中謀取私利。

　　可以說，這些經驗是那些老商人在長期的商業實務中潛心累積和艱辛工作相結合的產物。只要年輕人願意，他們也十分樂意將這些經驗與年輕的朋友一起分享。然而，也有一些老商人，一旦涉及某些與自己有關的糗事或醜聞，就立即裝聾作啞，做出一副諱莫如深的樣子，讓人不得不對他們敬而遠之。不過幸運的是，即使是對一個經驗不夠豐富的年輕人來說，這種居心叵測的長者並不難以分辨，因為他們很快就會背叛正確的道德原則和行為習慣。這些所謂的長者，不僅會像一隻害蟲那樣逐漸腐蝕年輕商人的信心，甚至還會向他們的意識裡灌輸邪惡醜陋的思想。

然而事實情況卻是，有些居心叵測的商人往往以善良的長者自居，並時常以此身分為身邊的年輕人指點迷津。或許有些人能夠從他們那裡得到一些有益的建議，但是他們所造成的危害以及潛藏的隱患，卻只會讓年輕人得不償失。出現這種情況不能不令人萬分詫異，但是不管怎樣，如果這些年輕人曾經從父母那裡接受過良好的教育，懂得什麼才是真正的道德準則，那麼這些準則就會不斷指引他們前行，保護他們走向成功之路。

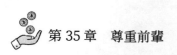 第 35 章　尊重前輩

第 36 章　善待下屬

　　善待下屬，這是主管的職責，也是領導者的崇高品德。人生就是一個不斷攀爬的過程，在這個過程中誰都需要被扶持。一個人扶持下屬，就等於無形中為自己建立起一道堅固的後盾。做一個成功的管理者，態度與能力一樣重要。

　　曾經有一個明察秋毫、目光敏銳的朋友對我說：「想要知道一個人的個性如何，品格怎樣，最有效的方法就是看他如何對待自己的下屬。一個人對待自己員工的態度，以及他所表現出的行為舉止，可以透露出他的所有品行。」雖然這句話未免有些絕對，而且也很誇張，但這種說法的背後卻隱藏著無可辯駁的真理。

　　身為年輕的職業商人，無論在何種情況下，即使是身邊只有一個私人助理，也應該善待自己的下屬。每一個下屬都需要主管的公平對待，因為公平對待下屬，不僅能夠調動員工的積極性，而且還能夠使上下屬的關係保持融洽，那麼這種做法無論對工作還是對事業都極為有益，我們何樂而不為呢？所謂上司或者下屬，也只是相對而言的概念，因為一個人或者一級機關，對下來說是上司，對上來說又是下屬。既然各級主管都期望能夠得到上司的公平對待，那麼也就應該給予自己的下屬

公平對待。在人生這個龐大的舞臺上，如果你想要扮演好自己的角色，那麼就要用一顆平常心來看待自己，定位自己，對事業多一份責任感，對下屬給予公平的對待。這既是一種思想境界，又是一種工作方法，還是一種領導責任。

　　身為領導者，應該對自己的員工實行激勵政策，促使員工不斷挖掘自己的潛力，幫助他們更好地發揮出自己的才能。只有依靠這種自發的積極性和創造性，員工們才能在工作中做出更好的成績。因此，學會如何對待下屬是一名領導者的基本職責和必要能力。一個能夠調動員工積極性的領導者，才是一名真正成熟和稱職的領導者。身為上司，首先應該對自己的員工一視同仁，無論親疏，不分厚薄。其次，一個團隊如果缺少信任，其後果極其嚴重。信任必須作為雙方共有的財富才能長久，單方面的信任一定會半路夭折。既然每個員工都是公司或企業的重要組成者，那麼，要讓他們感覺到你的信任，這無疑是一件至關重要的事情。除此之外，身為一名優秀成功的領導者，學會尊重自己的下屬也是必不可少的素養之一。

第37章　做人要有仁慈之心

具有仁慈之心的成功人士，都具有直言不諱和絕不阿諛奉承的良好品德，對他們來說，凡事都會變得更容易。記住，仁慈與善心是成功的基礎。

這個世界上似乎總是有這樣一些人，他們不喜歡誇讚別人，總是說一些讓人厭惡的話，或者做一些令人不快的事情。而對於這樣的人，人們總是會不自覺地敬而遠之。與之相反，還有一些人總是喜歡向他人殷勤諂媚，而他們所奉承的對象，大多都是在社會上具有重大影響力的有錢人。

與此同時，這個世界上還有另外一些人，他們為了滿足一己私欲，達到個人目的，經常對那些有權有勢之人溜鬚拍馬，即使他們的內心並不樂意這麼做，甚至非常討厭或鄙夷這些人。與此相反，我們周圍還有一些自視清高的人，他們從來都不會對任何人趨炎附勢，任何時候都保持自己的態度毫不動搖。

毫無疑問，只有那些心懷仁慈之人，才能夠真正在商場上呼風喚雨，成為商界內叱吒風雲的人物。然而，也有一些鐵石心腸、冷酷無情的商業人士，他們同樣能夠在商場上闖出一片天地，並且還為自己累積了大量的財富。但是，人們往往只看到了表象，如果你能夠掀開他們冷漠的外表，了解他們背後的

故事，你就會發現，為了今天的財富與成功，他們曾經付出多麼慘痛的代價。如果你對這些事實真相有所了解，我敢肯定，你既不想透過這種辦法獲得財富，也不會想經歷這些可怕而痛苦的遭遇。

　　反之，如果你能夠懷抱一顆仁慈之心，那麼你一定可以兩者兼得：不僅得到他人的尊敬，還能夠獲得事業上的成功。雖然你並不一定會成為億萬富翁，但是，你卻一定能得到那些財富買不到的東西；你用你的仁慈之心，換來了領導人心、影響他人的能力，正所謂失之桑榆，收之東隅。只有那些認為「財富不是生活的全部，金錢不是生活的本質」的人，以及那些天性仁慈、在商場上友善待人的人，才能夠真正明白這樣的真理：自己的所得遠遠要比財富的意義重大得多。在日常生活中，你會在不經意間發現，那些真正的社會菁英、商業翹楚和成功人士，都是一些待人友善、做事真誠的人。因此，不論這些人是富裕還是貧窮，身為一個年輕商人，與他們建立深厚的友誼會讓你受益良多。如果你能夠結識一位富有且影響力巨大的人物成為朋友，那當然最好。但是，如果這個人雖然清貧卻不失德行，那麼也請你一定要記住，不要讓自己和這樣的人失之交臂。用世俗的觀點來看，這個人也許沒有巨大的財富，沒有顯赫的地位，但是如果你能夠和他成為朋友，你一定會發現，這個人能夠為你的生活帶來無可比擬的精神財富，而這恰恰是我們一生中都彌足珍貴的東西。

與此相反，如果你所結交的朋友，都是在本章開始我們提到的那一類角色的話，那麼即使你為了達到某種目的而極力與他們接近，其結果一定會令人失望。原因很簡單，因為他們不會給你連他們自己都沒有的東西，即對他人的仁慈和友善之心。因此，我希望你們能夠明白並做到，與其和這些鐵石心腸的人不勝其煩地相互糾結，還不如把自己的時間和精力用到有用的地方。對於這些人，我們只有敬而遠之，才不會受到他們的影響。當我們選擇了正確的結交對象，並與其建立起真摯而密切的友善關係時，我們自己的生活也會變得更加美好。

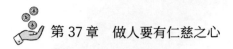

第 37 章　做人要有仁慈之心

第 *38* 章　保守祕密，獨享寂寞

　　無論什麼時候，無論在什麼情況之下，切勿將機密或私有資料外洩給無關之人，對於別人跟你分享的祕密要守口如瓶。盡量避免散播可能破壞他人名譽的消息，不要親近那些造謠生事者。這是商界中一條不可輕視的「黃金法則」。

　　一提到「祕密」這個詞，立即就會有人耳朵發癢。這個詞語總是輕易就吸引了這些人的全部注意力，他們總是迫不及待地想要了解這個祕密的來龍去脈，想方設法地四處打探，探聽究竟什麼人才知道這個祕密。然而，對於普普通通的人來說，他們寧可自己不知道這個祕密，因為想要保守祕密，就意味著你要承擔相應的責任，處處都要小心謹慎、如履薄冰，而要完美地做到這一點，實在是沒那麼容易。

　　在日常商業生活中，人們經常會告訴別人自己的祕密，或者傾聽別人向自己訴說某些祕密，在這種情況下，他們就要一起保守這個祕密。對於那些對自己的同行感興趣的商人來說，把精力花到窺探他人的祕密上，從某種程度上來講，絕不是在浪費時間。當你有幸得知他人的祕密時，對於如何保管這一祕密，你可能表現得或謹慎或疏忽，以至於讓自己顯得或者明智或者愚蠢。在這裡，我想要提這樣一條建議，那就是：對於任

何祕密，最好的做法就是三緘其口、嚴加保守。要想做好這一
點，你必須注意，不要讓其他任何人知道你正在為他人保守祕
密，因為有些人天性就對祕密極為好奇，總是喜歡拚命挖掘出
你想保守的祕密。因此，不要隨隨便便告訴別人，說你知道某
某人的什麼祕密，這樣一來，你就等於為他們節省了打聽祕密
的時間，讓他們輕而易舉得到這一祕密的來源。沒有什麼事比
這更讓他們夢寐以求的了，因為對於這些為人狡詐的人來說，
他們總是不擇手段地去窺探他人祕密，倘若讓他們得知祕密的
所在，就等於他們在攻破祕密的道路上成功了一半。如果你正
在替別人保守祕密，又不慎讓他們得知的話，那麼你很快就會
發現，自己已經陷入了一場與這些無恥之徒的「戰鬥」當中。在
這場戰鬥中，你處於被動防守的地位，你在極力保守祕密，而
他們卻處於主動攻擊的一方，想盡辦法從你身上尋找突破口，
試圖獲得這個祕密。要知道，處於防守地位只會對自己的情況
更加不利，因此你就會發現，自己在這場「戰鬥」中始終處於
劣勢。打個比方來說，就你現在的情形而言，你就像是遇到了
一個破門盜竊者，他們不知道你的寶藏藏在哪裡，可是一旦你
告訴了他們你有一個祕密，就好像是告訴了他們藏寶的地點一
樣。他們一定會對此非常感激，因為這樣一來，他們就可以千
方百計地躲開保管財物的主人或者僕人，輕而易舉地得到這個
祕密。

　　當祕密的保守者暴露自己的目標時，這個祕密也就洩露了

一大半。假如情況真的發展到了這一步，其實你已經違反了當初你接受祕密時和祕密委託者建立起來的誠信約定。雖然你並沒有為此簽署什麼書面合約，但是，委託人之所以信任你，並且把祕密告知於你，這本身就暗含著要你保守到底的意思。因此，對於這個祕密，你應該像保管自己的寶藏一樣嚴加保守。希望年輕的商人能夠真正懂得祕密的這一內涵，否則我的建議就是，在任何情況下都不要去管別人的祕密。總而言之，這裡我想要提出一條原則：「盡可能不要去管他人的祕密。」當然，在有些情況下，我們可以考慮幫助別人保守祕密。當你真心地願意幫助那些處在困難和危險之中的朋友時，當你深深地知道他確實有一些難言之隱時，或者他在萬不得已的情況下希望有個值得他信賴的人幫助時，你就應該毫不猶豫地伸出援手。在這些情況下，你的朋友真的需要你的幫助，而你不僅應該積極地給予他們幫助，更應該對他們的祕密嚴加保守，就像是對待某個神聖不可侵犯的東西一樣。這樣一來，你的朋友才能夠脫離苦海、遠離危險，那麼你又何樂而不為呢？

事實上，保守著一份祕密也就意味著保守著一份寂寞。對於保守祕密者來說，是否能夠耐得住寂寞，這一點至關重要。如果你總是表現得神神祕祕，或者動不動就說些「此地無銀三百兩」的話，那麼，那些嗅覺敏銳的祕密窺探者，很快就會對此有所察覺。有些祕密是不用靠嘴說就可以洩露出去的，有時候，甚至可以說在大多數情況下，一個點頭或者聳肩的小動作，就

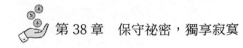

可以把你內心深處的祕密洩露無遺。因此，即使你毫無祕密可言，當你面對那些四處打探祕密的人時，也應該表現出自己好像有什麼祕密一樣。與此相反，如果你真的有什麼祕密需要保守，那麼無論如何，你都應該對它嚴加保守。因為隨著時間的推移，這個祕密會在你的心裡越積越難受，就像從山上滾下來的雪球一樣越滾越大，總有一天會使你心癢難耐，忍不住想要一吐為快。因此，在你保守某個祕密的同時，也要保持自己良好的心態。有很多人正是由於一時疏忽而不小心說漏了嘴，不僅洩露了祕密，而且也讓自己的信譽毀於一旦。雖然這些人在生意上不會有什麼損失，但他們在名譽上受到的傷害更為嚴重，而且久久難以磨滅。對於一個商人來說，信譽至關重要。因此，在任何情況下，我們都不能失去自己的誠信。不去傳播他人的祕密，就是保持良好信譽的方法之一。我經常提到《聖經》裡這樣一條「黃金法則」，請你們一定要記住：己所欲，施於人；己所不欲，勿施於人。只要你們能夠按照這個原則做事，你們將永遠不會為自己的所作所為感到後悔。

第*39*章　信守承諾

　　承諾的真實含義在於身體力行。承諾他人時，要清楚自己是否能完全兌現，不要接受無法完成的工作或不合理的要求，不要自毀信譽。在現代商業社會中，信譽就是最有效的資本。金錢損失了還能挽回，信譽一旦失去就很難挽回。

　　「承諾」涉及我們生活的方方面面，同時也是經商過程中必不可少的一個重要組成部分。在這個世界上，我們每一個人都在為他人做事，同時也有很多人在為我們做事。當我們相互接觸或者進行交流時，我們會向他人作出承諾，他人也會對我們作出承諾。對於這些承諾，我們只有身體力行加以兌現，它們才會具有實際意義。否則，這些承諾就永遠只是停留在表面上的空話。雖然這不過是老生常談，但令人遺憾的是，即使是這些盡人皆知的常識，仍然有人對此不屑一顧，或者乾脆視而不見。從這些人的行為舉止來看，承諾對於他們來說，只不過是一種讓自己擺脫困境的方式，並不具有承諾的真正含義，因此他們會信口開河，隨隨便便向他人承諾，卻沒有一點想要去付諸實踐的意思。

　　然而，這樣寡廉鮮恥、不講誠信的原則卻在社會上廣為流傳。這給我們的社會帶來了很多不穩定的因素，除此之外，最

令我感到擔心的就是人們會對這種事情保持聽之任之的放縱態度。可憐的是，有些人對此不以為然，他們認為這樣做根本沒有什麼錯。當世俗的標準已經判斷不清對錯的時候，他們自己也已經忘記了，這種行為根本就是大錯特錯。

很多人在收到廠家的訂單時，總是毫不猶豫地向廠家作出承諾，保證自己可以在預計期限內完成廠家規定的工作量。雖然他們心裡很清楚，自己根本不想和這個廠家合作，或者即使他們想為這個廠家做些事情，但是由於自己的商業資質不夠，所以根本就無法完成這些工作，可是即便如此，他們仍然會接下訂單。現在的人怎麼會變成這個樣子呢？世間的事情總是有因才有果，因此，必定是有什麼原因，才使得這種不良習慣在商場上傳播開來。可以肯定的是，這種習慣之所以形成，一定關乎人們的道德規範問題。倘若要對這個原因追根溯源，就要從人們開始經商的那天說起。大多數年輕人從踏入商場之後，就開始對真理變得麻木起來。雖然年輕的商人在學校或家裡都受過良好的道德教育，但是大多數情況下，當他們第一次跨入商界，第一次開始做生意時，他們得到的第一次教訓，往往就是要冷酷無情地拋棄自己在家裡或在學校學到的那些清規戒律。那麼，現在擺在我們面前的，就只剩下這樣一個原則：無論你曾經對顧客和買家作出什麼樣的承諾，只要這些訂單能夠讓你生意興隆，不管你怎樣違背自己的誠信，這種做法都無可厚非。一旦這些年輕人認同了這一觀點，認為只有這樣才能得

到商業回報，他們便會不由自主地誤入歧途。

對於一個思想保守的人來說，我覺得根本不應該存在上述問題。但是，當人們對誠信與正直顯得漠不關心時，當他們對這些事情抱著無所謂的態度，甚至認為根本沒什麼大不了的時候，這無異於是錯上加錯，只會造成更加嚴重的後果。有些人不僅做不到誠信待人，而且對它所帶來的嚴重後果毫不顧忌，在這種狀況下，如果他們企圖誘使自己的員工也走上這條路，企圖讓他們從一個品行端正的人變成一個缺乏誠信的人，那麼這種行為更是罪加一等。

曾經有句古語說道，「君子一言，駟馬難追」。這句話並不是空話大話，因為它包含了一名成功商人應有的道德標準。英國商人曾經在全世界都享有極高的盛譽，而且在相當長的一段時間內，沒有任何一個競爭者能夠獲此殊榮。然而令人遺憾的是，如今時過境遷，昔日的光榮業已不復存在，我們也為此付出了慘痛的代價。從一個專業商業人士的觀點來看，我們很有可能會繼續失去更多的東西。至於前輩商人「君子一言，駟馬難追」的美好品德，現在的商人已經完全將其拋之腦後，甚至故意將其摒棄。然而，一旦我們捨棄了前輩們這些誠信正直的良好聲譽，那麼別人將不再願意和我們進行生意往來，我們的貿易量就會隨之急劇下滑。

如今的社會是一個日新月異、個性鮮明的社會，每天的新鮮事物層出不窮。但是，真正讓我擔心的是歷史傳承下來的良

好行為準則、行為規範，已經被有些人視如敝屣，並且毫不吝惜地拋之腦後。儘管新的處事原則層出不窮，但是老式的行為準則在當代社會中仍然不可忽略。傳統的行為準則一旦被人打破，我們的生活就會因此而蒙受極大的損失，造成無法估量的災難性後果。在這裡，我想對那些剛剛踏入商界的年輕人說，身為一名商人，不管我們已經如何名譽掃地，你們都要盡自己最大的努力去維持、去挽回我們曾經的聲譽。希望我們能夠攜手共進，重塑商人「一言既出，駟馬難追」的形象。只有我們這樣做了，別人才會覺得我們能夠被信任、值得信賴，才會願意和我們保持生意上的往來。你們一定要成為誠實守信的商人，不要因為某種誘惑而輕易放棄自己的承諾，不要對前輩們傳承下來的行為準則置之不理。也許新鮮事物的確十分吸引人，但是，請不要忘記優良的傳統。相信我，這些優良傳統能夠為我們的生活帶來數不清的益處。

第 *40* 章 和氣才能生財

　　做事先做人，商道即人道，經商的道理和做人的道理是相同的。商人的要義在於和氣生財，與人維持健康而友善的關係，是事業成功和發財致富的重要技巧。修身治財，實現美德與財富的和諧，才能獲得真正的成功和持久的發展。

　　在你認為他人的所作所為會對自己的生意造成不良印象，或是你認為他人的言行舉止滿含對你的偏見之前，請你一定要先確定一點，那就是自己的這種感覺是否絕對正確，並且是否有根據可循。要想對此作出合理判斷，那麼你就必須保持冷靜的頭腦與平和的心態。無論是在繁雜的生活中，還是在紛擾的商場上，即使我們的本意並非是要詆毀他人，我們也絕不要隨隨便便在背後說他人壞話。這種總是在別人背後指手畫腳、說長道短的行為，實在是一種極不妥當的行為。我們都知道，如果你在背後批評一個人，這就意味著他沒有為自己辯護的機會，因此無論什麼時候，一個人做出這種行為，都是一件很不光彩的事情。當其他人在背後一起討論某個人的性格時，如果你選擇保持沉默，那麼實際上你就是透過這種沉默的方式，對這些總在人背後說長道短的傢伙進行譴責。但是，當你離開這些人的時候，你心裡也許就會認為，由於剛才沒有加入他們的

191

肆意批評和惡語中傷，他們一定也會對你非常不滿和反感，說不定現在他們也正在對你指手畫腳呢。

　　如果你真的這樣認為，並且感覺自己受到了冒犯，心情也十分不快的話，那麼我勸你大可不必這樣。如果我們說，世界上真正最悲慘的人，就是那些最容易生氣的人，我想你一定會認為這句話聽起來很奇怪，因為你早就已經習慣了自尋煩惱。有些人總是自作聰明地認為，無論其他人做任何事情，都是在跟自己過不去，所以也無論他們對你說了什麼、做了什麼，都很可能是在對你惡語中傷，而在這種情況下，一點點小事就可以讓你感到煩躁不安，甚至讓你暴跳如雷。也許對於大部分人來說，那本是一件高興的事情，可是對你來說，很可能就變成了令人不快的煩惱。因為你總是悲觀地認為，在這些事情的背後，一定有一個危險的陷阱或陰謀等待著你。從表面上看，也許你的前途一片光明，但是前進的路上卻布滿了荊棘。如果別人善待了你，你不但不會感到高興，反而會對他更加反感。當別人對你彬彬有禮，或者全心全意地為你著想時，你不僅不會感謝他們的友好行為，反而會認為他們是在有意侮辱你、冒犯你。在你眼裡，他們都是虛偽的，而且他們之所以對你彬彬有禮，也只是為了掩飾曾經對你做過的那些惡行，或者是另有企圖。總而言之，人們絕對不會知道什麼時候才可以讓你感到高興，用什麼方法才可以取悅於你。我甚至可以毫不過分地說，連你自己從來都不知道，究竟要怎樣做，才能讓自己真正高興

起來。每天一早，你就開始為那些毫不存在的陳年舊怨而憤恨不滿，而在一天結束之後，你又會在自己的頭腦中製造出另外一個新的怨恨對象。

　　當我們形成易怒的習慣後，它就會觸犯那些與基督教徒生活相關的準則，而這些準則卻是本書中一直加以強調的、可以用來指導我們日常商業生活的良好規範。當它開始影響到我們的正常生活時，我們就必須設法克服自己的這種不良習慣。如果你生來就具有這種錯誤的思考模式，慣於認為他人的一言一行都是針對自己的話，那麼你就要在最開始的時候，與這種性格對抗到底。因此，每當你感到不快時，應該首先弄清楚別人是不是有意去傷害你，或者蓄意給你製造麻煩。

　　無論是我們的生活常識，還是其他類似的經驗，這些都告訴我們，那種動不動就大發雷霆的習慣，對我們的精神健康沒有任何益處。如果你是一個善於觀察的人，你一定會發現，不管我們願意與否，在我們從商的過程當中，總是會有一些苦惱和不快自己找上門來，無論我們怎麼做，這些事情都無法避免。但是，如果你仍然執迷不悟，那麼你就是在自尋煩惱。只有運用自己智慧的頭腦，冷靜地進行思考，你才能真正地解決問題，戰勝商場上那些不可逃避的困難。既然如此，我們為什麼還要把自己的時間浪費在這些無聊的事情上呢？如果你能夠仔細考慮一下心中的這些怨恨，你一定會發現，十有八九的恩怨都只是自己的想像而已。

「難道你們以為這僅僅是我的想像嗎？」我想你一定會這樣反駁道，「你的意思是說，一個人侮辱了我，說了我的壞話，還對我做了惡毒的事情，難道這些都是我想像出來的，而不是實際存在的事情嗎？難道我就不能因為他們的這些所作所為而憤憤不平嗎？難道我就不能夠對他們『以牙還牙，以眼還眼』嗎？你是不是覺得我就是一個軟弱可欺的傻瓜？」我親愛的朋友，剛才我之所以說那番話，其目的只有一個，就是希望能夠在目前的狀況下給你一些忠告，希望能夠將你從商業生活中拉回到平靜的日子裡，讓你不再為自己的生意所苦惱。但是除此之外，我還是堅持認為，在大多數情況下，那些讓你怒氣衝衝的理由，不過都只是你自己的想像，僅此而已。這裡就讓我來舉個例子：

假如正當你和你的朋友一起散步時，又有一位夥伴加入到你們的談話中來。當他離開你們後，你發現這個人的談話內容對你和你的朋友產生了截然不同的效果。這些談話的內容使你感到十分不快，雖然你表面上看起來很平靜，像是沒受到任何影響。然而，你的朋友卻從你言談舉止間的變化中發現，其實你的心情已經深受這些言辭的影響。那麼請恕我直言，在你朋友的印象中，現在的你已經成了一個容易怒形於色的人。從你的一些微小變化中，你的朋友可以看出來，剛才那位仁兄的話讓你感到惱羞成怒，甚至是覺得受到了極大的侮辱。如果這時你的朋友說出下面這番話來，你一定感到十分驚訝。他說：「如

果換成是我的話，我會認為布蘭克是一個彬彬有禮的人。至於那些在你看來是他有意冒犯的話，我會把它當成是對我善意的提醒，並且會立即對他表示衷心的感謝，感謝他對我的莫大幫助。」也許你並不會對朋友的這番話感到詫異，反而認為他是一個卑鄙小人，或者是一個表裡不一的偽君子。但是，如果你能夠撇開這些個人情感，按照一般人的常識仔細考慮一下，你就會發現，假如你總是認為別人的評價是在針對你、冒犯你，而與此同時，你的朋友卻把它當成是積極的動力，認為這能夠促使自己不斷進步，那麼透過這個簡單的比較，我想你一定會發現，其實以前自己一直是在自尋煩惱。一方面，你的朋友積極看待問題；而另一方面，你卻把事情看得十分嚴重，從來都不會往好的方面去想。那麼總有一天，當你經歷了精神上的磨練後，便會痛下決心，決定不再為了那些雞毛蒜皮的小事而自尋煩惱，決定從今往後積極地面對生活中的任何事情。

一旦你開始按照這樣的形式做某件事情，久而久之你就會發現，這種做法實際上輕而易舉，無論在任何情況下，它都可以順利完成。隨著你這樣做的次數越來越多，它對你來說就會變得越來越容易。因此，即使現在這件事情對你來說十分困難，但是只要你如此反覆進行下去，將這種鍛鍊堅持到底，那麼最終你會發現，其實這樣做起來很容易。如果你能夠做到這一點，你就會變得更加樂觀，並且能夠正確地對待那些自己曾經認為可憎可惡的事情。

　　為了獲得精神上的平靜，除了進行意志上的磨練以外，還有什麼其他方法可以讓我們達到更高的精神境界呢？對於那些閱歷豐富的人來說，他們完全有能力而且十分樂意為我們提出一些振聾發聵、行之有效的忠告。根據他們長期累積的豐富的商業經驗來看，許多人都贊成以下觀點：沒有什麼比基督教《聖經》中的道德準則和行為規範更能對我們的行為進行指導，讓我們克服從商過程中的困難，帶領我們走出事業上的迷宮了。如果你因為他人對你做出的事情而感到憤怒，並且執意要對他們進行打擊報復，正如你自己形容的那樣，要對他們「以牙還牙，以眼還眼」，那麼你永遠都不會變成一個善良友好、寬容體貼的人，而這些品格，卻是你身為一個商人應有的素養。如果你不能公正地對待那些冒犯自己的人，那麼你至少也要公正地對待自己。在你準備進行反擊之前，首先要確定那些人是否有意要冒犯你，而你自己準備做出的行為是否有根據可循。如果你非要睚眥必報，那麼，沒有人會認為你的這種行為是一種高尚的做法，我想就連你自己也不會這樣認為。總而言之，我們要以德報怨，以德服人。年輕的朋友們，你們曾經嘗試過這種做法嗎？如果沒有，那麼請你開始學著善待他人。這樣的話，不久以後你便會發現，這種行為不僅可以軟化那些冰冷堅硬的心，而且還能夠幫助人們冰釋前嫌，化敵為友。

　　另外，你還可以試著反過來想想，學著用逆向的眼光去看待這個問題，把自己放在明處，把假想中的敵人放在暗處。假

如你光明正大、言行正直，那麼他反而會覺得你的所作所為是在針對自己，由此給他帶來種種煩惱，而並非是讓你自己感覺痛苦。也就是說，現在假設這種情況反過來，是別人開始對你所說的話產生了誤解，那麼你對這樣的感覺作何評價呢？如果你總是覺得這個人居心叵測，並且做了很多對不起你的事情，那麼一旦你想到他，就會想到他冷漠的眼神。反之，如果你能夠真誠友善地對待他，那麼此時此刻，他在你的眼中就不會像從前那樣面目可憎了。

也許另外一些人會對此事持有不同的觀點，他們認為，對待那些冒犯的行為，我們應該奮力還擊。然而，不論在什麼情況下，如果你真的這樣做了，那麼這不僅不會給你帶來任何好處，而且還會為你增添不必要的精神煩惱。如果你能夠換一個方式去處理，那麼你就會發現，自己從中學到了一些更有意義的東西，而這些東西只有那些意志堅強、敏銳善察、老於世故的人才擁有。如果你能夠做到這一點，即使是真正面對他人的惡語中傷或者肆意詆毀，你也一定會不乏成熟地答道：「嗯，是嗎？某某先生是絕對不會說我壞話的，對於我的名聲，他比我自己還要珍惜，因此我就像相信自己一樣相信他。」

要知道，不是所有讓你痛苦的話都是造謠中傷。也許有些話對你來說的確尖銳逆耳，但是從某種意義上說，這些話卻可以讓你看到自己身上的缺點和不足，成為你改正自己的意見和建議。從我的經歷來看，不只一個人曾經表達過如下見解，那

就是「我們可以從敵對一方學到很多有用的東西」。這才是最為明智的做法，因為他們總是能夠從那些意想不到的地方發現一些有價值的東西。對於一個乞丐來說，雖說金錢能夠讓他們衣食有著，但是倘若你扔一大把銀幣過去，這絕不是什麼禮貌的行善方式。如果有些乞丐因為錢幣上的泥巴，或者因為有錢人的粗魯，而拒絕接受這些施捨，那麼我相信，大部分人都會覺得他們的做法愚蠢至極。同樣，對待那些無意冒犯的語言，我們也應該如此。在面對它們的時候，我們不應該圖一時的心裡暢快而去進行反擊，與此相反，我們應該把它們看成是上天賜予我們的巨額財富。

總而言之，我想要說的就是，不要斤斤計較他人的冒犯之舉，因為這樣只能給你的內心帶來更多的煩惱和痛苦。對於這一點，我更喜歡一位朋友那種簡單的處理方式。他總是這樣說，「我從來都不會生氣。無論是出於我的天然性格，還是出於我的自尊心，我都不好勃然大怒，因為我不願意去傷害別人，同時也不希望別人傷害自己。我更希望自己能夠對別人產生好感，就像我相信他們也會同等對待我一樣。如果他們沒有這樣做，這並不會讓我損失什麼，反而只會對他們自己造成損失。對我來說，生氣只能使事情變得更加糟糕，所以我沒有理由讓自己大發雷霆，更沒有理由讓自己承受痛苦的後果」。

雖然這似乎是一種「唐吉訶德」式處理困難的方式，但是我卻可以負責任地說，這也是最為行之有效的處理方式。如果

你能夠按照這種方法堅持半年，那麼我想你也一定能夠再接再厲，繼續堅持一年，並且至此往後，將自己的好脾氣一直保持下去。

 第 40 章　和氣才能生財

第 *41* 章　妥協並不等於失敗

　　成功的商人，都應懂得以最小程度的妥協換取最大目標價值的實現。這個世界並不是掌握在那些嘲笑者的手中，而恰恰掌握在能夠低頭妥協不斷往前走的人手中。當然，我們所說的妥協是適度妥協，而不是沒有原則的妥協。

　　「周到」這個詞語在英語裡面包含很多層含義，我們的日常生活也有很多地方都和它息息相關。但是在這一章裡，我們所關心的僅僅是這個詞字面上的意思，而是它內在的含義。令人遺憾的是，在平日裡，我們已經很少能夠感覺到這個詞語的存在了。只有那些親切和藹的人，才真正地善於為他人考慮。如果讀者們能夠自己思考一下，你們就會發現，一個能夠處處為他人設身處地著想的人，首先應該具備完善的思考能力。因為一個人只有能夠考慮周全自己的事情，才能夠考慮周全他人的事情。因此，對那些與我們有生意來往的人，我們一定要做到處事認真、友善以待，盡量周全地為對方著想。

　　其實，為他人著想可以有各式各樣的表現形式。但是，如果你是一個反應遲鈍、從不為自己考慮的人，或者是一個自私自利、從不為他人考慮的人，那麼你基本上就不會去幫助他人。你可能一貫奉行如下的行為準則：「除非預計好的事情即

將發生，或者已經得到了某種證實，否則你絕不會把它告訴任
何人。即使你心裡十分清楚，這些事情會給他們帶來痛苦，或
者會傷及他們的自尊心，你也不會事先提醒那些與此事有關的
人。」既然你不願把自己開心的事情與你的夥伴分享，那麼你為
什麼不能給予他們告誡，提醒他們那些可能會帶來痛苦和不安
的事情呢？

　　大多數到了中年或者已過中年的人，一定都曾有過這樣的
經歷：他們經常會因為那些所謂「坦誠直率」的朋友說出的討
厭話語而感到十分不快。在這些朋友當中，有些人之所以直言
不諱地說話，是因為他們本就是口無遮攔的性格，而另外一些
人並非如此，他們則是故意惹人不快，在與他們的談話中，你
似乎可以明顯感覺到他們是在有意與你為難。不幸的是，在我
們周圍，的確有些人或多或少地有這樣的壞習慣。雖然他們為
數不多，但是他們的這種行為甚至已經發展成了一種精神疾
病。他們總是樂此不疲地傷害別人，總是眼睜睜地看見別人痛
苦才會感到快樂。這些人看似是坦誠直率的朋友，但每每向你
講述你所關心的事情時，卻好像總是有意要讓你從中感覺到痛
苦，似乎只有看到你痛苦，他們才能快樂。然而在絕大多數情
況下，他們所說的這些話，除了能夠帶給你痛苦以外，其他一
點價值都沒有。更讓人費解的是，這些人日復一日地沉浸在這
種病態心理中，對他們來說，似乎只有這樣才能證明自己的價
值。真是一群生活在文明世界裡的野蠻人啊！實際上，歸根結

底來說，我們在日常生活中之所以會出現這種錯誤行徑，大部分都是由於自己沒能注意與別人的講話方式，沒有選擇合適的交流方式所造成的。

善於設身處地為他人考慮，這一優良品格不僅是這一章的主題，也應該是商人在從商過程中的主題。如果沒有了這一點，我們在商業生活中將會產生難以想像的痛苦。要想做到善於為他人考慮，那麼你首先就應該做到多加注意自己身邊的細節，把問題的各個方面都考慮清楚，然後再決定自己的看法。如果和任何人交往時你都能做到這一點，能夠一直保持著一顆仁愛之心，那麼剛才我所說的話一定會對你有所裨益。我們完全有理由相信，它不僅能夠讓你積極地去思考問題，而且一定能夠幫助你獲得事業上的成功。

身為一名年輕商人，我們必須了解自己急須學習的一門課程：我們應該在什麼時候、什麼情況下、透過怎樣的方式進行讓步。對於這一點的學習，開始得越早，效果也就越好。不過，即便道理如此，但實際上想要做到這一點也不是什麼容易的事。有些人不管怎樣努力，仍然難以學會寬以待人的行為方式。當實際情況要求他們必須作出讓步時，他們仍然難以作出正確的選擇。不過，我們要明白，之所以會出現這種情況，是因為他們的內心存在牴觸情緒，他們自身的某些不妥做法甚至不會讓他們感到任何不安。當大多數人都希望自己能夠寬以待人時，他們卻不想為了別人作出任何自我犧牲。

　　顯然，與這些毫無意識的人相比，還有些人生來就性格寬容，善於體諒他人。他們擁有常人所不具備的直覺，知道自己應該在什麼時候、什麼情況下，以什麼方式禮貌地對他人的意見和建議進行妥協。不論處在什麼樣的環境下，他們都能夠從容面對。當必須向他人作出讓步的時候，這些人給人的印象大多都是機智幹練、落落大方的形象，這一點尤其重要。反之，有些人給人的感覺卻恰恰相反，他們總是有意違背上述行為準則。

　　對這些不懂寬以待人的人來說，他們不僅頭腦冥頑不靈，而且不思悔改。就像他們經常說的那樣，只要自己知道自己在想什麼就可以了。這些人總是喜歡言辭含糊地向他人透露一點點自己的想法，而不是以禮貌寬容的方式與他人進行交流。如果這一點點想法就是他們全部思想的話，那麼對於他們的聽眾來說，沒有接受這些人的全部想法反而是一件好事。

　　值得注意的是，冥頑不靈、頑固不化絕不等於意志堅定。如果我們這裡說的是那些高尚的行為準則或者道德法律，我們必須堅定地予以堅持，不能作出任何妥協或讓步。然而，在經商過程當中，許多時候都需要我們作出一些讓步，但這並不會違背這些原則，或者傷害他人的自尊。

　　實際上，一些人把自己事業上的成功都歸功於他們自發培養起的這種禮貌待人的習慣。在別人的印象中，他們總是不乏主見和膽識。從來沒有人會覺得他們頑固不化，或者有可能違

背處世原則。簡而言之，他們的一言一行都是出於誠摯的心，他們心甘情願向別人作出讓步，同時樂意接受他人的任何建議。正是透過這種寬容禮貌的方式，他們給那些曾經與之打過交道的人留下了深刻的印象。在與他人相處的過程中，他們有一套自己的獨特行為風格，他們不僅可以在交談過程中很快抓住對方所談問題的本質，而且能夠在必須妥協的地方落落大方地作出讓步，這些都足以說明他們值得信賴。在商場上，無論是那些有權有勢的贊助商，還是普普通通的顧客，都會對這些人十分青睞。沒錯，他們的確受人愛戴。一般來說，能夠獲得成功的人，在很大程度上都必須憑藉這種勇於讓步、勇於認錯的可貴品格。

如果你認為，因為自己向別人作出了讓步，自己的自尊心就會受到打擊，或者為了向他人妥協，自己的要求和標準就不得不降低，自己為人處世的部分原則也不得不拋棄，那麼你就大錯特錯了。在經商過程當中，儘管有許多事情需要你作出妥協，但是我敢肯定的是，大多數情況都不需要你作出以上那些犧牲。因此，對我們來說，最為明智的做法就是：先試著從一些不太重要的商業活動、一般性的工作上開始，從諸如此類的事情上學習怎樣向他人讓步。如果你能在處理這些小事時游刃有餘，那麼當重大事件來臨時，你一定能夠圓滿完成工作任務。如果你是一個頭腦聰明的人，那麼你一定會明確地知道，自己必須在什麼時候、在什麼事情上向他人作出讓步。對於那

第 41 章　妥協並不等於失敗

些目光短淺的人來說，這種做法無異於一種盲從，但是只要你
們能夠明智地向別人作出讓步，那麼你們完全有可能成為商界
的菁英、團隊的翹楚。

　　如果我們能夠集中自己的精力，去做好這些看似微不足道
的事情，那麼我們就可以逐步培養自己處理大事的能力。儘
管從表面上來看，我們是在被別人的意見牽著鼻子走，但是實
際上，我們不僅能夠擁有自己的想法，而且還能顧及他人的意
見和建議。因為只有這樣，你才能夠真正成為商界叱吒風雲的
人物。

第*42*章　不要以小人之心度量他人

　　猜忌是思想的消化不良症，成見和偏見會蒙蔽自己的眼睛，將成功拒之門外。儘管這個社會並不十全十美，但是我們仍然沒有必要將旁人都往壞處想。凡事都想想別人的好處，腳下的路就會變得越加寬廣。

　　在所有的事物當中，對一個商人思考能力的最佳考驗，莫過於在兩個完全相對立的概念或選擇中作出艱難的抉擇。這些對立體往往各有優勢，又各有缺點，即使我們反覆權衡，最終仍然難以兩全，必須要割捨其一。

　　在考慮利弊時，有關這一選擇的觀點往往針鋒相對，每種觀點看似都極為合理，於是我們在萬難之中作出了最後的抉擇。可是這一抉擇在之後看來，又總是讓我們後悔不迭，以至於我們總是認為，自己在當時所作的決定，簡直是一種最為糟糕的選擇。類似這樣的事情舉不勝舉，不斷地在我們的商務生活和工作中重複上演，而我們也似乎總是不得不在緊急關頭進行選擇。

　　舉例來說，有人會勸你：「你一定要當心啊！如果你還不能證明對方是誠實守信的人，那麼你就應該以對待小人的態度來提防他，否則你就會吃虧上當，還有可能損失慘重。」與此同

時，可能也會有人這樣對你說：「你應該大度一些，除非真的有人背叛你或出賣你，否則你就應該待之以禮，像對待所有忠誠守信的人那樣對待他。」實際上，這兩種觀點都不完全正確。就像地球有兩極一樣，一切事物都有正反兩個方面，它們之間既相互對立，又彼此關聯，不能一分為二來看，也不能混為一談。

生活中我們常會碰到一些猜疑心很重的人，他們整天疑心重重、無中生有，認為人人都不可信、不可交。這類人警惕性特別高，對周圍所有的人都採取不信任、懷疑或者走著瞧的態度，而且這類人在考慮問題時，也總是朝著對他們有害的一面去想。至於他人的好意，他們有時候甚至會進行惡意扭曲，認為別人或者是自私自利，或者是圖謀不軌。俗話說：「疑人不用，用人不疑。」對於一名領導者而言，如果你總是對下屬和同事充滿猜疑，他們常常也會反過來歪曲理解你的善意和言行。原因很簡單，不信任他人的人，也很難得到他人的信任。所以我們不妨敞開心扉，增加心靈的透明度，讓彼此建立更為透徹的信任關係。猜疑往往是心靈自閉者為自己設置的心理屏障。只有敞開心扉，將心靈深處的猜測和疑慮公之於眾，或者面對面地與被猜疑者推心置腹地交談，讓深藏在心底的疑慮徹底「曝光」，讓心靈之間的透明度進一步增加，才能求得與同事、朋友之間的了解和溝通，才能增加相互之間的信任感，消除隔閡，獲得最大限度的合作。

正如有位經驗豐富的成功商人說的那樣，在我們的生活

中，至少有一半的挫折和麻煩都源於我們自身。對於這些無法預計的麻煩和挫折，我們每個人都有各式各樣的解決辦法，而綜合來看，我們完全可以透過一個通用原則來避免和解決這些麻煩，那就是學會管理自身、提醒自己。在這一原則中，唯一我們可以控制的事情，就是避免養成胡亂猜疑的習慣。這就好比武器可以防備敵人，但同樣也可能傷及我們自己一樣，懷疑有時會保護我們免受他人的陷害，但利用不當或者過甚，就會回過頭來為難我們自己。

一個生性敏感、總是隨便猜忌他人的人，往往會不記得上帝對我們的諫言。上帝曾經告誡我們說：「不要以小人之心度量他人。」這句話的意思就是想要警醒我們，應該為人寬厚，善待他人。如果一個人一貫頗受猜忌，總是被人們懷疑缺乏誠信，直到有一天，他用自己的行動證實了自己的坦蕩無私，那麼，那些曾經對他滿腹猜疑的人，一定會對自己之前的言行後悔萬分。

如果我們想得到他人的信任和尊敬，首先應該從自身做起，放下自己對他人過度的懷疑和猜忌。古語說：「己所不欲，勿施於人。」如果不想被他人懷疑為惡人或騙子，那麼我們首先就應該避免無端地猜忌他人，這也是讓我們頗為受益的處世之道。

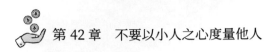 第 42 章　不要以小人之心度量他人

第 *43* 章　禮多人不怪

　　事業成功的智者都懂得掌握待人接物的技巧，而所有這些技巧的核心只有一點：誠心誠意地尊重對方。要成為一名成功的商人，首先必須具備與他人坦誠合作的能力，這種能力遠比其他素養重要得多。誠心誠意，「誠」字的另一半就是成功。

　　如果說，個人禮儀的形成和培養必須靠多方的努力才能實現，那麼，個人禮儀修養的提升關鍵就在於自己。個人禮儀修養是社會個體根據個人禮儀的各項具體規定為標準，努力克服自身的不良行為習慣，不斷完善自我的一種行為活動。從根本上講，個人禮儀修養就是要求人們透過自身的努力，把良好的禮儀規範標準化成個人的一種自覺自願的能力行為。身為年輕商人，強調個人禮儀修養有著極為重要的現實意義。得體的商務禮儀不僅能展現公司企業的文明程度、管理風格和道德水準，塑造良好的公司形象，而且透過良好的企業形象，還能為企業增加無形資產，這無疑可以為企業帶來直接的經濟效益。一個人講究禮儀，就會在眾人面前建立良好的個人形象；一個公司的成員講究禮儀，就會為自己的公司建立良好的形象，贏得大眾的讚譽。一個擁有良好信譽和形象的公司或企業，就能很容易獲得社會各方的信任和支援，就可在激烈的市場競爭中

處於不敗之地。所以，商務人員時刻注重禮儀，既是個人和公司良好素養的體現，也是建立和鞏固良好形象的基礎。

從某種意義上說，商務禮儀已經成為建立企業文化和現代企業制度的一個重要方面。

禮儀最基本的功能就是規範各種行為。商務禮儀可強化企業的道德要求，建立企業遵紀守法、遵守社會公德的良好形象。我們知道，道德是精神層面的東西，只能透過人的言行舉止、透過人們處理各種關係所遵循的原則與態度表現出來。商務禮儀使企業的規章制度、規範和道德具體化為一些固定的行為模式，以此對這些規範發揮強化作用。企業的各項規章制度既體現了企業的道德觀和管理風格，也體現了禮儀的基本要求，員工在企業制度範圍內調整自己的行為，實際上就是在固定的商務禮儀中，自覺維護和塑造了企業的良好形象。

良好的禮儀可以更好地向對方展示自己的長處和優勢，同時往往也決定了機會是否能夠垂青於你。比如，在一家公司裡，你的服飾得當與否可能會影響到你的晉升與否，影響你與同事之間的關係的好壞；帶客戶出去吃飯時，你的舉止得體與否，也許就決定了交易的成功與否。再比如，如果你在辦公室做出某些不雅的言行，或許就會使你失去一次參加老闆家庭宴請的機會。這些都只是源於一個基本原則——禮儀作為一種訊息，一種外在與內在之間的溝通媒介，能夠傳達出尊敬、友善、真誠的感情。所以，在商務活動中，恰當的禮儀可以獲得

對方的好感與信任，進而促成業務合作，推動事業的發展。我們都知道，「金無足赤，人無完人」。在現實生活中，人們都在以各種不同的方式追求著自身的完美，尋找通向完美的道路。然而，只有將內在美與外在美統一於一身，才能稱得上唯真唯美，才可冠以「完美」二字。加強個人禮儀修養是實現完美的最佳方法，它可以豐富人的內涵，增加個人的含金量，從而提升自身素養的內在實力，使人們在面對紛繁社會時更有勇氣，更有信心，進而能夠更充分地展現自我、實現自我。良好的個人禮儀是人際交往的「潤滑劑」。因此，年輕人不僅應該在事業發展的初期就養成良好的禮儀習慣，克服各種不雅的舉止，更不要讓自己養成粗魯浮躁、蠻橫無理的性格，否則的話，不僅很難取得他人的信任，而且會喪失眾多成功的機會。一個人想要獲得事業上的成功，就應該學會真誠待人，這是商務交往的根本原則。因此，要想在商務活動中取得滿意的效果，就必須坦誠相見、互相尊重。在接待他人時要做到言之有物、言之有序、言之有禮，同時保持謙遜的態度和友好的語氣，這樣才可能使商業交往達到預期的效果。

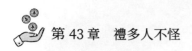 第 43 章　禮多人不怪

第*44*章　牢騷抱怨的人難成大器

遭受不公平對待時，滿腹牢騷是無濟於事的，要採取正面的態度，著眼於有益的事情。避免問那些「為什麼」的問題，將焦點集中放在解決的方法上而不是問題的本身。如果你確實要負責任，找出導致犯下過失的原因，並從中學習。

如果一個人在遇到某種不公平的對待時，一直竭盡全力地忍氣吞聲、緘口不言，那麼他就很難全心全意地投入到工作中去。當然，這其中的一些不公與委屈或許是真的，但有一部分則是完全出於自己的想像。可是即便如此，那些源於內心的真實想法，例如，不合理的解決方式，不公平的惡性競爭，惡毒的傳聞造謠或者與之有關的種種現象，依然讓人難以接受。儘管從表面上看來，這些現象似乎並不違反人們心中的道德準則，然而卻足以擾亂一個人平和的心境。

誠然，即使在面對最令人煩惱的不公時，有些人仍然能夠透過某種方式加以解決；而另一些人卻並非如此，他們只會選擇更加不公的方式來對待這些問題。就這些不公正的做法而言，有些人或許不以為然，甚至還表示樂意接受，因為從另一方面來看，它們似乎能為這些人帶來某種能力上的提升。然而對於大部分人來說，如果不能把這些不公與委屈向他人傾訴的

話，他們就會在這種長期的心理壓抑下逐漸變得性格壓抑、沉默寡言。對於那些在工作上遭受過不順的人來說，他們經常會談論自己所遭遇的不公平待遇，然而，即使他們所受的委屈是真的，生活的基本常識也會告訴我們：在公共場合不停地談論他們所遇到的不公正待遇，這無疑是他們為自己做的最為糟糕的一件事。但是，對於這一盡人皆知的道理，他們卻不甚了了。

對人類來說，不公正的待遇與隨之而來的抱怨的確不可避免，但從本質上來看，這些會促使我們不斷加快自身汲取知識的步伐。如果一個人沒有過於自私自利，那麼適當的自豪和自尊感就會讓他對這些不公保持沉默。如果他們聰明持重、公平公正，那他們就一定能夠在最終作決定時，積極聽取另一方對於同一件事的不同意見。與此同時，那些不公與抱怨也會隨之消失殆盡。畢竟，這些只是人類天性的一個方面，對於那些喜歡散布謠言的人來說，這是一個不太完美的方面；但是對於那些時常自我反思的人來說，要他們在遭遇不公和忍受抱怨之時，還能設身處地為對方著想，並且保持雙方利益均衡，這的確是一件十分困難的事。而且從實際上來看，很少有人能夠試著用這種方式來處理問題，所以他們便會採取一種更加行之有效的方法，那就是首先宣布自己是對的，至於他們所稱的敵人，理所當然是完全錯誤的。

但是既然錯誤已經犯了，我們就要心平氣和地去接受。如果你自身不乏高尚的品格，那麼你就會自覺遠離錯誤的做法。

然後，你可以把自己犯下的錯誤告訴你的家人。這樣一來，你就不會再把自己的錯誤歸結於他人對你的不公，一旦你能夠從自身找出錯誤的真正源頭，你就能真正改正自己的錯誤。

除此之外，這樣做的原因還有一個。如果你能夠做到適可而止，而不是反反覆覆向他人抱怨你所遭受的不公正待遇，那麼對於聽者來說，如果他們曾經遭受過同樣的不公，並且在聆聽你的話語時有所觸動，他們就會對你表示由衷的支持與同情，甚至有可能給你一個工作上的機會，從而幫助你扭轉自己的不利局面。如果真的出現這種情況，你就應該銘記你們之間的友情，對他人賦予你的信任和仁慈心懷感激，做到投之以桃，報之以李。

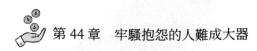 第 44 章　牢騷抱怨的人難成大器

第 *45* 章　慎選合作夥伴

選擇商業合作夥伴時，在開始時要盡可能多地先了解對方，了解其性格特點、行為風格、品德素養等等，謹慎選擇。當然，最終抉擇不僅取決於對方是個什麼樣的人，還要取決於對方是否是適合你的人。

即使是那些商業經驗極為豐富的人，也都一致認為，對於一個人來說，首先把問題考慮清楚，並在此基礎上作出正確的決定，做到這一點並不容易。

這其中的原因是不言而喻的。在大部分情況下，就商業中的經濟問題來說，我們可以採用某種固定不變、明確具體的原則來進行衡量判斷，憑藉這些原則，我們就可以知道，自己制定的計畫以及最終的決定是否合理。儘管有些人不願意按照這些原則做事，但它們的確是商業生活中的不二真理，其價值不容忽視。如果誰要勇於違背這些原則，那麼他就一定會受到無情的懲罰。對於想要解決這類問題的人來說，我們必須做的就只是告訴他們，必須要遵循這些商業原則。只要他們照此行事，那麼他們就一定能夠作出正確選擇。關於這一點，我們在這一章裡就不再贅述。

但是，就商業合作夥伴這個問題來說，就要相對複雜得

　　多。我們要面對的人或事總是千變萬化。我們沒有一個固定的
標準來衡量，也沒有一個明確的原則去參照，因此，要處理這
樣的問題就顯得相當困難。在這個問題中，存在著太多不確定
的因素，這些因素不僅是我們難以掌握和掌控的，而且其自身
的重要性也會時常發生各式各樣的變化。我們不可能在對幾個
人有所了解之後，就同時了解了所有的人，因為我們必須有足
夠的時間和精力，才可能與另一個人融洽相處。也就是說，我
們很難在短時間內對一個人的性格做到充分了解，所以我們很
難立即作出正確的決定。很顯然，對於結交合作夥伴來說，這
個問題我們很難輕易解決，因此只有透過某種捷徑，暫時先迴
避這些問題。但是，即便如此，這些問題仍然會原封不動地待
在那裡，當我們在經商過程中必須與商業夥伴交流之時，這些
問題仍然會成為通往成功的障礙。迄今為止，人們總結出的規
律就是，在結交合作夥伴這個問題上，沒有一條放之四海而皆
準的原則可以去遵循。換句話說，我們只能接受這個現實，而
後根據各種具體情況找出最適合的方法，盡自己最大的努力去
把它做好。

　　對於同樣一件事情，如果在不同的環境下換一個人來處
理，那麼大家解決問題的方式也會截然不同。對於人們共同關
心的問題，一些人覺得自己的想法是最好的解決方法；而另一
些人在經過一番深思熟慮之後，可能會認為這種方法的可行性
和成功率並不大，因此堅決抵制這種方法。兩者之間的爭執可

能會愈演愈烈，最終導致矛盾激化，雙方各執一詞、互不相讓，最終甚至有可能關係破裂、分道揚鑣。事實上，就爭執雙方而言，不僅不應該做出爭吵這種行為，更不應該做出更加惡劣的行為。實際上，我們身邊每天都會有各式各樣的爭執發生，如果我們不處理好這些爭執，它們就會破壞我們與合作者之間的友誼。我們應該明白，要想和別人真誠合作，我們就不能欺騙或者嘲笑我們的合作者，更不能卑鄙地給他們設下陷阱和圈套。否則，這種做法不僅會給我們帶來經濟上的損失，還會讓我們的事業最終功虧一簣。因此，年輕的朋友，你們一定要抓住機會，找到自己真正的合作者，因為只有他們才能給予你最有力的幫助，在通往成功的道路上助你一臂之力。

在人的一生當中，幾乎所有的商人都會問到同一個至關重要的問題：我究竟是否真的需要他人的合作？如果想要找到這個問題的答案，那麼回答者必須首先思考一下，自己的成功是否與這些人有關。一方面，許多事業有成的人士都把自己的成功歸功於他們的合作者；而另一方面，也有少數人在回顧了自己的商業歷程以後，會把自己事業上的失敗歸咎於自己的合作者。那麼在這個問題上，究竟孰是孰非呢？

首先，我們要問的是，什麼才是合作夥伴關係中的首要準則？當然是「互利互惠」。那麼第二、第三準則呢？同樣還是「互利互惠」。因此，在回答這個問題時，我們奉行的所有原則就是，要做到合作夥伴之間「互利互惠」。誠然，要想解決合

作夥伴之間的問題，或許還需要其他的準則去參考，但是我們應該明白，其他的原則都應該是建立在這個大原則的基礎之上的。只要我們簡單思考一下「互利互惠」這個原則，我們就會發現，這其中包含著很多深意。在本書中，我們可以找到很多這樣的例子，接下來，我還會就此作出進一步闡述。

在我們的生活中，另一種最為重要的夥伴關係就是婚姻關係。在婚姻關係中，我們首先會考慮伴侶是個什麼樣的人，同樣，我們在選擇商業夥伴時，很大程度上取決於自己想找一個什麼樣的合作者。比如說，我們在選擇婚姻伴侶時，首要因素通常都是對方的性格特質，或者對方是否能夠與自己終生相守。然而與此不同的是，在選擇生意夥伴的時候，我們每個人往往各有各的目的，這些選擇的標準也各不相同。因此，一個人選擇商業夥伴的方法，並不一定比其他人更加明智、更加合理。由此可見，我們必須綜合多方面因素，盡量全面周全地考慮這個問題。當我們準備選擇自己的合作夥伴時，一開始就應該小心謹慎地決定，多方面去了解，以免以後由於兩者價值觀不同而發生衝突。即使這些衝突能夠暫時避免，但最終必然會爆發出來，那麼我們至少可以按照上述原則，來減少這一矛盾衝突的激烈程度。對我們來說，最明智的方法就是要選擇一個適合自己的合作夥伴，雖然這種選擇或許會讓你感到為難和痛苦，但是這個選擇的過程卻絕對不能忽視。

在選擇合作夥伴這個問題上，幾乎所有老商人都一致認為

「萬事起頭難」這句話說得極有道理。事實的確如此，總有許多年輕人在看待商業夥伴之間的友誼問題時，用一種隨隨便便而又不切實際的眼光。在商場上，他們很容易在不經意間接觸過幾個人之後，就被這些人身上的某些亮點所吸引，或者由於對方偶然表現出的優雅態度，就付諸他們最大的信任，認為他們就是自己真正的朋友。即便在日常生活中，我們仍然能夠經常看到「兩個人一見鍾情，最終有情人終成眷屬」的情況，但是就商業上合作夥伴之間的友誼來說，情況往往不會這麼簡單。在任何一次商業會議上，我們都有可能在不經意間認識很多人，而在這些人當中，真正能夠與我們同甘苦共患難，並且最終成為我們真正的朋友的人，實在是寥寥無幾。俗話說「路遙知馬力，日久見人心」，這句話同樣適用於商業上的合作夥伴。因此，在結交合作夥伴的時候，我們應該放慢腳步，謹慎而行。

　　無論在什麼情況下，如果一個人不知道自己想要結交什麼樣的商業夥伴，不想去承擔自己與合作夥伴之間應負的法律責任，或者不注意選擇合作夥伴的性格，那麼他將來一定會為自己的輕率行為而懊悔不已。當今社會人心不古，我們有必要確保自己選擇的夥伴是一個值得結交的朋友。否則，等到將來釀成大禍，就悔之晚矣。匆匆忙忙或隨隨便便與他人結交朋友，這種行為非常危險。而在我們消遣休閒的時候，這種情況大有發生，因為只有在這些時候，我們才有機會和一大群人接觸。然而，娛樂可以帶給我們歡樂，但它同樣也會消耗我們大量的

寶貴時間，因此，這種娛樂恰恰是必須被我們摒棄的。最明智的消遣方式應該是有益於我們身心健康的活動，如果讓吃喝玩樂成為自己主要的商業應酬，或者占據自己太多的工作時間，那麼我們寧願拋棄這種方式，不在這種場合下結交任何商業夥伴。

由此可見，關係持久的友誼都是逐漸形成的。擁有這種友誼的夥伴，通常彼此在很早的時候就結識了，他們可能從小就在一起學習，一起玩耍，一起進步。有了這些共同的經歷，他們彼此之間早已有了深刻的了解。如果這兩者都能擁有健康向上的生活態度，那麼他們就可以長期維繫這種良好的友誼關係，為了共同的目標而努力奮鬥。正因為如此，從商場上看來，只有那些在年輕時就彼此欣賞的人，才能夠擁有持續時間最長、最值得稱道的友誼。

就像這個世界上存在著基於利害關係而建立的「權益婚姻」一樣，商業上的合作夥伴也可以形成相似的關係。一個看上去頭腦聰明卻身無分文的人，能夠和一個不夠聰明卻實力雄厚的人形成某種合作關係，而且在我們的商業活動中，這種合作夥伴關係極其常見。但與此同時，我們不得不說，這種合作關係是一種相當危險的關係。如果有錢的一方是個慷慨大方的正人君子，或者是一個基督式的紳士的話，那麼這種生意組合 —— 一方是聰明人而另一方是有錢人 —— 將會相處得十分融洽。但是，如果我們得知這些生意夥伴背後的故事，揭開他們相處

的神祕面紗，我們將會發現，這種合作關係實際上並不那麼簡單，也不像我們想像的那麼美好。在這種關係裡，擁有聰明頭腦的一方處於極大的危險之中。除非擁有權勢的一方是一個易於相處的人，否則聰明的一方就很難諸事順遂。因此，在這種關係下，我們就應該做到處處公平，凡事多為對方著想。這裡必須強調的是，那些自認為頭腦聰明的人，千萬不要因此就變得自命不凡。如果你不經意說出一些讓對方不快的話來，那麼他就會以同樣的方式回敬你的無禮舉動。如果你的合作者是一個喜怒無常的人，那麼他就會對你感到失望，認為你們之間的合作「物非所值，得不償失」。有些聰明的年輕人會認為，如果自己不能結交那些富有的合作者，他就不會獲得成功，或者獲得成功的過程必然會十分漫長。這種想法實在是太過愚昧。無論如何我們都應該懂得，只有透過自己的努力獲得的成功，才是最有尊嚴、最為可貴的成功。當你明白了這一點，你就會改變上述悲觀的想法，開始依靠自己的努力奮鬥，去創造屬於自己的美好明天。

　　但是，假如我們已經形成了上述那種生意夥伴關係，甚至令人遺憾的是，在這一合作關係中，無論是哪一方都感到十分不快，那麼我們該怎麼做呢？其實這個問題很容易解決，我們只用一句話就可以回答，這句話不僅簡明扼要，而且行之有效，那就是前文提到過的「互利互惠」原則。無論在什麼情況下，我們都應該堅持這個原則，只要我們能夠把它付諸實踐，

那麼我們就會看到立竿見影的效果。也就是說，越早運用這個商業上的金科玉律，它對我們生意上的裨益也就越多。因此，如果我們與合作者之間的關係不幸發展到上述情況，那麼我們一定要嚴格遵循這條行為準則。

　　在合作初期，雖然合作者之間不會產生過多的分歧，但是，如果我們不能在這個時期完全消除彼此的隔閡，那麼這種人與人之間的性格差異，或者彼此相互隱藏的不滿情緒，最終就會變得一發不可收拾。甚至更為嚴重的是，合作雙方可能會變得越來越吹毛求疵，故意刁難對方，想方設法謀取私利。之所以會出現這種情況，主要就在於我們自己的心態產生了問題。那麼，就此看來，如果我們想要克服這種現象，首先就必須要調整好自己的心態。只有不斷地進行自我反省，才能抓住解決問題的關鍵所在。而要做到這一點，我們仍然必須堅持「互利互惠」的原則。這個原則的強大之處就在於，我們越是儘早、越是頻繁地對其加以使用，它對我們事業上的裨益也就會越來越多。因此，年輕的朋友，你們不妨大膽地去嘗試一番。「只要有付出，就會有回報」，如果你們能夠記住這一點，那麼你們一定很快就會品嘗到它所結出的碩果。

第46章　施總要比受更有福

　　幫助別人就是幫助自己，付出越多，才能收穫越多。利人之舉，常常也是利己之事。有的人常常抱怨生活中的種種不平，因而不願付出，但萬事皆有因果，如果沒有付出，又怎麼能指望獲得他人善意的回報呢？

　　如果要用一個準確而又通俗的詞彙來概況本章的話題，那麼這個詞就是「棘手」。對於那些處在困境中的人們，我們應該「授之以漁」，而不是「授之以魚」，也就是說，應該教給他們賺錢的方法，而不是直接向他們施捨財物。但是，那些經常借錢給別人的人卻認為，對於大部分暫時身處困境、需要經濟援助的人們來說，他們更應該得到金錢的救濟，而不是其他間接的幫助手段。因為，在通常情況下，這些人都急切地希望有人能夠挺身而出，在這種時刻拉他們一把，幫助他們跳出生活的泥坑，而在此之後，他們就可以依靠自己的力量，迅速步入正途。

　　從表面上看，財富能夠為我們帶來美好的生活，但與此同時，它其實還會給我們帶來許多煩惱。在有錢人遇到的所有情況中，幾乎沒有其他情況比「必須借給他人錢財」這種情況更讓他們感到難以處理了。這些需要向他們借錢的人，往往都處於進退兩難或走投無路的境地之中，因此他們十分需要資金進

行周轉，否則就只有絕路一條。他們會向你講述自己的情形有多麼不幸，現在的形勢是多麼嚴峻，然而歸根結底，他們始終都會明白無誤地向你表達一個觀點，那就是：只有金錢才是唯一能夠幫助他們擺脫困境的方法。關於這些人的真正意圖，就連那些剛剛明白事理的小學生，都可以輕而易舉地弄清楚。當你告訴他們你可以借錢給他們時，他們的臉上就會露出滿意的笑容；但是，當你告訴他們你會用別的辦法幫助他們度過難關時，他們就會顯得鬱鬱寡歡，臉上寫滿失望的情緒。要知道，借錢給他人和放高利貸是兩個完全不同的概念。借錢給他人是一種善行，而放高利貸者則是透過發布新聞和廣告的方式，引誘人們來向他們借錢，然後從中謀取私利。如果你向高利貸者借錢，那麼很可能永遠都還不清債務，即使你僥倖逃脫他們的追纏，也難以重獲生活的自由，因為放貸者一定會想方設法把你榨得一乾二淨。這就像是那些放貸人故意撒下羅網一樣，隨時隨地等著那些放鬆警惕的鳥落入他們的圈套，一旦有獵物送上門來，他們就會不斷收緊網口，直到牠們變得奄奄一息。

較之於放高利貸者，那些篤信基督的出借者的做法卻完全不同。他們既不會在自己的夥伴受苦受難時落井下石，也不會隨隨便便違背自己的承諾，更不會讓自己變成一個可恥的放高利貸者。

很多經常向別人借錢的朋友可能會感到非常痛苦，因為那些向他人借錢的人當中，大多數都很少有能力還債。誠然，

我們不能夠就此以偏概全，懷疑所有借錢者都是用心險惡的小人。在借錢的人中，也有人能夠按時還錢。正是因為這些人的存在，我們就不應該對所有向自己借錢的人捂緊口袋。

在通常情況下，更準確地說，「借錢給別人」這句話應該是「給別人捐錢」。對於有些借錢的人來說，他們更喜歡把「別人借錢給自己」這件事情看成是「別人捐錢給自己」。我們從「很少有人還錢」這一事實中就可以清楚地看到，大多數借錢的人都對此持有相同的看法。

在這個世界上，我們必須要面對很多事情，而上面這一事實就是我們不得不面對的醜陋現象之一。雖然我們在第一次碰到這種情況時，會感到難以置信，但是事情發生了第一次，難免就會有第二次。一旦這樣的事情發生過幾次之後，我們或許就會對此習以為常了。

雖然上述問題經常擺在我們面前，但我還是堅持認為，我們應該積極給予別人幫助。正如《聖經》上的〈箴言〉所說，「施總要比受更有福」。因此，當有人向你借錢時，你不要猶豫不決，或者果斷拒絕，因為還有許多向我們尋求幫助的人，是真正值得我們幫助的人。不要擔心他們借了錢之後就不還了，更不要害怕他們在借了錢之後就和你一刀兩斷，甚至反目成仇。請你記住，這樣的人僅是借錢者中的少數，實際上，還有很多人願意竭盡全力甚至傾其所有來還錢，願意永遠銘記你對他們的恩惠。如果你遇到的是這樣的人，而你卻沒有借錢給他們，

那麼你是不是會感到後悔呢？從這個角度來看，《聖經》上所說的「施總是比受更有福」是完全正確的。

　　對於借錢這件事，借出者和借入者都應該努力去做好以下這幾點。一方面，對於那些向他人借錢的窮人，借出者要採取正當有效的方法，認真對他們進行調查，了解他們的底細，弄清楚他們是不是行為正派的年輕人，並且了解他們窮困潦倒的原因，確定他們之所以一貧如洗，並非是由於他們自己生活委靡造成的；另一方面，對於那些必須借錢的窮人來說，最明智妥當的做法就是，要表示出自己的決心和誠信，保證一定會竭盡全力按時歸還。當我們盡可能地把錢借給那些需要幫助的人們時，我們必須抱著「借給他們錢財實際上就是施與他們錢」的想法。因為一旦把錢借出去，我們就不要一心地期盼或催促他們立即還錢。對於那些非常貧窮，或者正在艱難的經濟環境裡掙扎的人們，我們應該盡量往好處想，要相信他們人窮志不短，相信他們也能像其他人一樣擁有高尚的品德，相信他們正在為擺脫貧困而努力奮鬥。對於他們來說，儘管我們借出的資金數目微不足道，但是在他們眼裡，這些財物無異於雪中送炭，能夠解他們的燃眉之急，甚至救他們於絕境之中。也許我們不需要付出太多錢財，就能夠幫助這些掙扎在溫飽線上的人們，讓他們感到幸福溫暖。從這一點來看，無論是對你自己，還是對那些窮人來說，借錢這件事都是有益而無害的。我們可以經常想一想耶穌說的這句話：「施永遠要比受有福。」我們今

天的美好生活就是上帝賜予我們的，是他無私地把上天美好的東西施與我們。他還經常這樣說：「你對我的子民們做善事，就相當於在回報我。」有鑑於此，就讓我們義無反顧地向他人伸出援助之手吧！

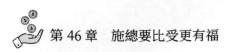第 46 章　施總要比受更有福

第 *47* 章　借債是不幸的開始

富人成功的祕訣就是：沒錢對，不管多困難，也不要向他人開口借錢，壓力會化為動力使你找到賺錢的斷方法，幫你擺脫困境，而負債的經營往往是被動的開始。這是個好習慣。習慣往往就決定了成功。

上一章我們討論了借錢給他人的問題，接下來我們要討論與此相反的問題，即向他人借錢。諺語說，借債是不幸的開始。對於這個觀點，我相信大多數人都會持肯定意見。

事實上，很多人在第一次向人借錢時，並沒有意識到這將是不幸的開端。有些人將自己視為上帝的僕人，一直兢兢業業地勤勞工作，盡最大的努力自力更生。這些人會在自己條件允許的範圍內幫助他人，他們堅定地相信，給予比獲取更為高尚。這樣的人往往都心地善良，樂觀豁達。他們的內心安寧而滿足，在上帝面前，他們可以坦然地面對自己的言行舉止。他們和莎翁筆下的警吏道格培里一樣，雖然曾經遭遇不幸，但有一點和道格培里不同：在面對挫折和失敗的考驗時，他們選擇默默承擔，毫無怨言地面對借錢者。這樣的人往往會憐憫讓步，即使是有人出現了欠債不還的情況，他們寧願自己遭受損失也不著一言。

可是，世界上還有另一類人，他們給自己定下規矩，對於那些上門借錢的人全部一口回絕。只有在少數情況下，他們才會出現例外，也就是說，當他們確信自己的錢借出去不會讓自己蒙受損失，才會答應借給他人錢財。他們會一筆筆記下這些借款，確保自己不但不遭受損失，反而有可能贏得利息。這些世故老練的商人，他們的內心冰冷堅硬，他們借錢就像放高利貸一樣錙銖必較。對於借款者來說，這些人往往比職業放貸人更加危險和殘忍。當一個急需錢財的人去找職業放貸人借款時，他們無異於自願進入放貸人的羅網，在這種情況下，他們至少會對自己即將面對的結果有個清醒的意識。可是，當他是找某個私人借錢時，而這個人正是那些世故老練的狡猾者，這就無異於借錢者在渾然不知的情況下，一步一步走進危險的陷阱。顯然，與前者比起來，後者的危害要大得多。

不過，如果我們能夠對人性有些淺顯的認知，或者對基本的商業模式有所了解，也許我們就能拯救自己，避免落入冷酷無情的放貸者們的魔爪。

當然，至於在什麼情況下向人借錢才是合理的，這一點我們很難界定。因為這其中涉及太多細枝末節的問題。我們只能說，根據經驗看來，向人借錢的大多數人，都可以透過更加認真和謹慎的經營，以及長期而穩健的管理，來避免產生任何債務。

退一步說，如果借債者是因為自身原因而向他人借錢，那

麼，這樣的人究竟有什麼資格向他人伸手借錢，這就很難說了。對於這樣的借貸者，除非他們下決心能做到以下兩點，否則他們就沒有權利找人借錢。首先，他們應該小心謹慎地運用自己的資金，縮減開支，避免浪費。他們的管理和經營都應以節約為原則，做到克勤克儉。其次，他們應該準時歸還所借金額。我們都清楚，有些人只要一有機會，就開口向他人借錢，但是卻閉口不提還錢的期限和時間，這些人在借錢的時候，根本就沒有償還的打算，更甚者還可能在花光貸款人的錢財後，隨時準備銷聲匿跡。所以，這樣的人根本就沒有資格得到人們的再次幫助。

借錢未必是萬惡之源，也未必就是悲劇的開始。但向人借錢的確會降低自己的道德地位，尤其對於那些自尊心很強的人來說，借錢更是一個痛苦的過程。總而言之，借錢的人會背負沉重的心理壓力。

總的說來，借錢這件事總會讓人覺得難以啟齒，所以人們最好永遠不用承擔借錢的壓力和苦惱。即使非得借貸不可，也要盡量減少數額。對於年輕人來說，不妨在從商初期就下定決心，不到萬不得已堅決不借貸。令人高興的是，在我長期經商的過程中，我所結識的那些人，只要能夠合理運用自己的資金，認真管理自己的生意，嚴格控制自己的開支，幾乎都能避免向他人借錢的狀況出現。如果他們真的身處困境，感到自己確實必須借錢，這時，他們也總是能夠繼續堅持一下，然後憑

藉自身的力量度過難關，避免向他人貸款。這對我們來說不失
為一種激勵。因此，不到萬不得已，我們最好不要向人伸手索
要錢財。除非是真的到了山窮水盡的地步，所有的方法都沒有
任何效果時，我們才可以考慮借錢的問題。

　　如果你身處窘境，除了借錢毫無他法，已經到了萬般無奈
的情況，那也最好選擇一個心地善良、待人寬厚的放貸人。
如果你善於觀察，並且最終能夠找到這樣一個正直善良的放款
人，那麼在你歸還債務的時候，你就會輕鬆許多。即便如此，
一般情況下我們還是建議，盡量獨立度過難關，避免向他人借
貸。借債是不幸的開始，這句古話其實不無道理。

第48章　責備是一門藝術

　　責備他人時常會導致雙方陷入尷尬兩難的境地。實際上，真正讓人「出口成錯」的不只是用錯詞，而是選錯場合、選錯時機、選錯表達方式……錯話一旦說出口，事後花再多力氣也未必能彌補。責備，不只是說話那麼簡單，而是一門精巧的藝術。

　　身為員工，總是難以避免來自上司的訓斥和指責；而身為雇主，在員工們看來，最擅長的事莫過於苛責他人。一位業界大師曾經在描述員工與老闆的關係時提到，責備與被責備，苛責與被苛責，實際上包含了商業界的因果循環關係，那些曾經備受責難的下屬一旦晉升為領導者，就會將自己曾經受到的委屈和痛苦轉而施加給自己的下屬，周而復始，循環往復。在他看來，這種循環天經地義，無可厚非。然而，這顯然不是主管與下屬間最理想的關係狀態。

　　在我所了解的所有商業活動中，確定在什麼時候、用什麼方法、在什麼地方責備下屬，這件事最能徹底地對人進行考驗。因為，在這件事的整個過程中，不僅能夠窺知你的為人是否機敏幹練，判斷別人是否對你有好感，而且還能充分了解他人的本性。

　　至於該在什麼地方責備下屬，正如知道採取什麼方式與在

什麼時候責備他們一樣，都必須細緻入微的觀察。一位聰明的雇主應該清楚地知道，對於自己的雇員來說，幫助他們維持自尊心的意義十分巨大。但是，當我們開始責備別人的時候，卻總是將這一點忘得一乾二淨。比如，當我們發現同事的錯誤時，我們的言語也許有意無意已經冒犯了他們的自尊心。如果你在公共場合下大發雷霆，對別人大聲斥責，那麼就那些被責備者而言，他們肯定不會心甘情願地接受你的責備。實際上，上面這種怒氣衝衝的責備實在是非常愚蠢，因為其結果必然適得其反。如果你公開在眾人面前挑剔某個人的錯誤，那麼他一定會對你這種「咄咄逼人」的做法感到反感。他會認為你是在吹毛求疵、沒事找事。不管他是否接受你所說的那些話，總而言之，他一定會覺得你是在故意讓他難堪。

因此，在責備別人的時候，我們應該設身處地為他人著想，無論是對生活還是對工作，這一點都不可或缺。如果我們疏忽大意，或者根本不願意考慮他人的感受，那麼必然就會犯下愚蠢的錯誤。當然，這並不意味著我們就該對他人犯下的錯誤置之不理，只是我們必須採取其他更為恰當的方式來指出他們的不是。因為如果你完全不去處理，他們身上的這些缺點不會自然而然地消失不見，如果我們不對他們的缺點進行責備，他們就不會自動改過自新。不過，如果我們做到了這一點，但是卻沒有給予他們幫助，這同樣是一種愚蠢的行為。明智的商人總是會把觀察學習當成是自己的職責，他們會時刻留心怎樣

改進工作中的問題，從而更加高效地進行管理。如果你是一個懂得「以人為本」的人，那麼你就會懂得，應該在什麼時候、採取什麼方式對自己的雇員所犯的錯誤進行責備，從而幫助他們不斷取得進步。

在很多情況下，某個員工發現自己的同事犯了錯誤時，他的表達往往都是以狂暴易怒、愚蠢、不理智的方式進行的。他們之所以這樣做，有多方面的原因：譬如缺乏教養，不懂得人與人之間的交往技巧（這一點已經表現在他們與同事之間的交往中了），缺乏敏銳的觀察能力，忽略他人的感受或所處的環境等等。在某些情況下，產生這種做法的最大原因就在於，他們為人十分自私，只會以自己為出發點來考慮問題。他們僅僅想到自己在公司裡是一名監管員，要為老闆管理好自己的同伴，但是他們卻沒有考慮到，身為一名上司，真正應該關心和注重的問題是什麼。也許我的這番話會讓有些雇主感到十分奇怪，因為有些人始終都認為，自己的員工就該按照上面的方法去做才對。但是，如果一個雇主能夠懂得，自己最關心的事情應該是引導每個員工充分發揮他們個人的潛力，那麼他就會明白，這些監督人員的管理方法往往會偏離甚至損害自己的這一目標。如果雇主能夠明白這一點，那麼這個令人困惑的問題就會迎刃而解。

只有一心一意為大家服務的員工，才是公司最需要的員工。要做到這一點，我們就必須平等對待公司中的每一個人。

如果公司中的監工、監督員或者領班，是一個狐假虎威的卑鄙小人，那麼他就會給公司造成無可估量的巨大損失。我們經常聽到有關專橫的資本家如何欺壓勞工的事情，但我們卻很少聽到工人之間相互詆毀的事情。

然而，至於什麼樣的錯誤應該加以責備，我們可以遵循那些富於智慧與哲理的處世準則。無論什麼人、在什麼情況下，這些準則都可以當作我們的參照，它們就是《聖經》裡最有價值的基督教訓誡。我們只有查找這些訓誡，才能知道自己身上到底有什麼不足。透過回答下面的問題，我們就可以明白，自己應該以怎樣的態度指出他人的錯誤：在面對下屬時，我們應該換個位置考慮，從逆向角度進行思考，想想我們希望上司怎樣對待自己。對於一個商場上的老手來說，他年輕時也曾經受到別人的責備，如果他沒有忘記當初自己遭受責備的情形，那麼他現在責備別人的時候，就不會措辭激烈、暴跳如雷；如果他沒有忘記自己當初也曾是一名辛苦工作的員工，那麼他現在責備別人的時候，就會語氣溫和、寬厚仁慈。從某種意義上來說，社會上的每一個人，都在以某種形式為他人服務，成為他人的員工，因此，每一個人都應該設身處地為自己的員工著想。

有些人也許忘了，想要在商場上獲得成功，我們還必須依靠許許多多其他的因素。雖然這些因素各不相同，但是每一個都不可或缺，而員工的素養就是諸多因素中重要的一個。

在一段時間內，或者在一定條件下，有些員工可能看起來

在你的公司裡沒有太大用處，他們似乎沒有什麼利用價值；但是在另外一個時段，或者另一些情況下，他們可能會變成很有用的關鍵人物。因此，對待不同條件、不同素養的人，最好的方法就是因材施用，把他們放在一個合適的環境裡，這樣他們才能夠充分運用自己的本領，發揮自己的專長，否則只會起到適得其反的效果。有些人可能會認為，對於員工來說，「什麼時候找錯誤」和「找什麼樣的錯誤」是一回事。可以說，在很大程度上的確是這樣，但又不完全是這樣。舉個例子來說，如果你經常亂發脾氣，性情急躁，那麼你「什麼時候找錯誤」和「找什麼樣的錯誤」就會完全不同，因為當你責備別人的時候，就已經摻雜了自己的情緒。因此，當下次某個雇員犯了某種過失，激起你的憤怒時，你一定要試著控制自己的怒火，不要當著他的面表現出來。如果你沒控制住自己，那麼後果會變得十分糟糕。在你處理別人的錯誤之前，一定要先控制自己的情緒。帶著情緒去責備他人，這沒有任何好處，反而還會造成許多危害。比如說，雙方會因此都變得意氣用事，這就導致雇主失去了自尊，而受到訓斥的雇員也失去了信心，雙方的尊嚴都受到了嚴重的傷害，而對雇員來說，他們在還沒進行自我反省的情況下，就不得不被迫接受這次責備。因此，倘若你在指明他們的錯誤時，能夠以一種和藹可親、心平氣和，但卻態度堅定的語氣，或者以公平、大方、包容、體貼的心態，用這種方式去對待他們的過失，那麼你的話就會在他們的心中產生共鳴，他

們就會樂意按照你的思考模式去思考問題，你的責備也會因此而變得更加有效。

這樣一來，你就可以與自己的員工成為好朋友，而不是與他們結為仇敵。我們完全可以先把錯誤放在一邊，因為大家都很清楚，對於生意上的成敗來說，很多時候正是取決於我們是否可以把自己的雇員看作朋友。在你的下屬當中，即使是那些最微不足道的員工，也同樣值得你友善對待，因為他們和那些有權有勢的商業大亨一樣，在關鍵時刻能夠發揮巨大的作用。

至於怎麼對他人的錯誤進行責備，實際上我們在前面已經說了很多。總而言之，我們的建議就是，當你發現別人的錯誤時，一定要用一種禮貌的方式立即說出來。與此同時，在你表達完自己的看法後，就應該立即結束，不要再繼續喋喋不休，更不要時不時地向別人提起這個錯誤，或者對常犯這個錯誤的人加以冷嘲熱諷。你必須清楚這一點，你的目的就是要讓他明白，他必須時刻注意並及時改正自己的錯誤，千萬不能讓他覺得，即使他再怎麼努力，也改不掉自己的這個缺點。

簡而言之，在責備他人的時候，一定要讓自己的行為合情合理，不要成為讓別人痛苦的刑具。

第*49*章　學會處理分歧

　　成功絕對有捷徑，當然這捷徑絕不是整個過程，而是必須按照最有效的成功策略去做，否則你會越忙越出錯。同理，在做事的過程中，如果不懂得合理分配精力，總被瑣碎的二流問題羈絆住頭腦，這必然得不償失。

　　對於大多數人來說，這一章的標題可能很容易使他們聯想到商業中發生的那些齟齬之事。在生意場上，之所以會產生分歧，大多時候都是因為合作夥伴之間的誤解而造成的。如果這些事情沒能以正確的方法或者端正的態度進行處理，那麼這些誤會最終會變得一觸即發，發展成為某種不可調和的矛盾，甚至造成令人惋惜的結果，讓這些本來志同道合的生意夥伴分道揚鑣、反目成仇。如果真的出現這種情況，那麼你們可以參考一下我們在本書其他章節所闡述的那些行為準則。無論我們遇到了什麼問題，只要我們能夠按照那些準則行事，並且付諸實踐，我們便可以很好地處理這些分歧，從而使我們的商業活動重新恢復到以前風平浪靜的良好狀態。即使由於意見相左，我們必須要和自己的商業夥伴進行利益分割，只要我們雙方都能夠公正、合理，大方地本著那些正確的行為準則來處理問題，那麼我們就可以穩妥順利地解決兩者之間的利益衝突，不至於

傷害到我們與合作者之間的個人感情。反之，只要我們做到了
這一點，那麼我們與合作夥伴之間的關係會變得更加密切、
牢固。

　　其他章節裡所說的那些商業建議，同樣有助於我們解決上
面這種合作人之間的意見衝突或商業分歧。然而在這一章裡，
我們所關注的分歧卻與上面所說的不同，這裡主要是講有關經
商過程中的時間安排問題，我們在第七章就已經進行過詳細討
論。在第七章裡，我曾經說過，當很多事情同時衝擊我們時，
對待這種情況最好的解決方法就是：要在一個時段內抓住重點
完成一件事情，然後再依此類推，逐個完成這些任務。實際
上，每一個人都是按照這樣的方式來完成任務的，因為無論做
什麼工作，我們都不可能同時進行兩樣甚至更多。這一點無論
是對體力勞動還是對腦力勞動來說，都毫無二致。

　　顯而易見，按照上述原則，我們有兩種方式來完成自己的
工作。其中較笨的辦法就是：不分主次、不分輕重，把所有
的事情都混在一起。這樣一來，我們考慮一類事情的想法或者
思考模式，就很容易和另一類事混淆在一起，最後變得亂七八
糟。與此相反，較為聰明的辦法就是：條分縷析、按部就班，
一件一件地完成自己的任務。

　　可是，對於很多人來說，他們不具備把一件事和其他事情
分開的能力。因此，他們做起事來，總是會被其他事情所困
擾，從而難以集中精力去處理問題。反之，對於那些有能力區

分輕重緩急的人來說，他們可以輕而易舉地處理好堆積如山的工作。正因為如此，他們成了許多人羨慕的對象。對有些人來說，雖然他們的工作能力很強，但是當他們把同類工作的不同情況和不同想法攪和在一起的時候，他們自己也會變得眼花撩亂、想法混亂。然而，值得慶幸的是，這種能力並不是人們天生就具有的，而是透過後天鍛鍊培養的。我們既可以讓一個人進行自我鍛鍊，養成抓住重點的習慣；也可以透過堅持不懈的教育，使他學會怎樣分清事情的輕重緩急。也就是說，人們完全能夠透過教育和培養，讓自己擁有這種處理不同事情的能力。

　　一位事業有成、聲名顯赫的商業人士曾經告訴我說：「在一段時間內，我只能一心一意地做一件事情。在我的心裡，我只會惦記這件事情還沒有完成，而不會同時考慮其他任何事情。只要我做到了這一點，我就一定能夠圓滿完成工作任務。」如果你也能夠說出相同的話來，那麼我相信，你也一定抓住了這個問題的本質。

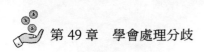 第 49 章　學會處理分歧

第*50*章　寫信草率的人會令人瞧不起

　　責難他人前要謹慎三思，考慮你的話可能會造成的後果，最後再慎重決定。身為一名商人，你是睚眥必報，還是既往不咎，考驗的是一個人的氣量，也牽引著成功之路的軌跡。人還是應該做得謹慎大度一點為好。

　　每個學生都聽過這樣一句話，「星星之火，可以燎原」。同樣，這句話也能用來形容一個人的事業發展進程 —— 從微不足道的點點星火逐漸蔓延開來，一步一步獲得最終的勝利。對於從商者來說，這一點無異於老生常談，但是就我看來，這一點在任何人的生活中都發揮著至關重要的作用。在日常活動中，一封寥寥數語的短箋似乎只是舉手之勞，但就是這封簡潔明瞭的信，或許就會產生「星星之火，可以燎原」的效應，對寫信人和收信人帶來重大影響。因此在很多情況下，我們最好的選擇就是，既不要寫信，也不要輕易給他人寄信，否則我們就很難掌控它是否會帶來巨大的損失。

　　身為一個商人，如果你出於一時憤怒，在情急之下寫了一封不太妥當的書信，但還沒來得及發出去，那麼你就應該為自己感到慶幸。因為你沒有寄出這封書信，對方就不會看到信中那些令人遺憾的話語，所以你應為此而感到高興。反之，如

果你寫了一封言辭激烈的信函，並且立即把它寄了出去，那麼後果很可能就是，在相當長的一段時間內，你的精神都會因此而承受巨大的痛苦。如果我們能夠及時進行自我克制、自我反省，那麼這種情況就能夠得以避免。一般來說，如果你對自己所寫內容的得體程度、禮貌程度拿捏不好，或者對這封信可能產生的後果表示懷疑，那麼你至少應該等到仔細考慮之後，再決定是否寄出去。這不僅不會耽誤你的時間，相反，你應該為自己的慎重行為感到高興。我就曾經聽說過，一個人因為推遲了自己的寄信時間，從而挽救了自己的事業。故事是這樣的：在寫了一封措辭嚴厲的信件後，他把這封信放在自己的抽屜裡，然後靜靜思考了兩三天。而在那段時間裡，所有的問題都已經迎刃而解了。從此以後，他告訴我說，他再也不會把信件的第一稿寄出去，而是隔段時間再寫一遍，因為在這期間，事情往往都會有各種意料不到的進展，而這封信就完全改變了原來的風格，先前出於憤怒的那些激烈言辭不會再出現了，字裡行間也變得更加溫和禮貌起來。把第一遍寫好的信件在抽屜裡放上兩三天，這樣做實際上就是給自己一點時間，讓自己把信件的內容在頭腦中再過幾遍。如果在這個時候，你仍然覺得有必要寄出這封信，那麼我們有理由相信其中的內容已經經過你的深思熟慮，將來一定不會讓你遺憾或後悔。在當前這個電郵時代，寫郵件就更值得我們慎重了。因為在點擊之間，發出的信就已經變成潑出去的水，完全沒有收回的可能性。

有些人也許會問，為什麼我們總是一揮而就，很快就把信寫完了呢？為什麼我們就不知道等幾天再發出去呢？是啊！之所以會出現這種情況，完全是因為我們的天性使然。我們僅僅是普通人而已，每個人都有自己的七情六慾。因此，當我們處在悲憤的情況下，當我們受到了冤屈或羞辱，或者自以為有人要和自己過不去時，我們通常的想法就是，要把它們一股腦地發洩出來。這種使用筆墨把它們記錄下來的方式，對我們來說，就是一個發洩情緒的絕好方式，你可以在其中隨意宣洩自己的不滿與憤怒，抱怨他人對你的不公與冤屈。在信中，你可以與你的通信者講個明白，讓他們感受到你有多麼的不滿。在信中，你可以竭盡所能對他們進行還擊，讓他們親身感受你所遭受的冤屈。然而，在你把信件寄給他們之前，還有一個更好的方式可以處理這個問題。也就是說，你可以把這封措辭激烈的信件放在自己的抽屜裡，讓自己再冷靜地思考二十四小時或者更長時間。等到時間過去，也許你已經冷靜下來，再也不想把這封信寄出去了。

　　對於這一點，許多人都深表贊同，但在這裡我想要強調的是，如果你能夠做到這一點，那麼就不要輕易放棄，因為無論做什麼事情，事前的預防往往要比事後的治癒更有作用。雖然上面提到的這種做法不無世故，但它仍然不失為一個較為妥當的處理方法，因為它是建立在良好的行為準則基礎之上的。按照這些準則，我們既可以處理那些令人不快的事件，也能夠

應對那些意見相左的對手。如果一個人對所有人都能朝好的一面去看，養成這樣的習慣，那麼無論在什麼情況下，他都會竭盡全力進行換位思考。對於人們來說，應該首先努力地完善自我，然後再去思考，究竟是什麼原因讓對方產生了這種行為。如果你能夠想到，他們也可能正在因為自己的所作所為而感到懊悔，對我們滿心抱歉，那麼你就不會再借這些言辭激烈的信件以洩私憤了。《聖經》中說道：「和言足以息怒。」反之，一封措辭尖刻的信件，只會使情況更加惡化。因此，在你寫信的時候，一定不要使用尖酸刻薄的詞語。如果你足夠聰明，又為人友善，就不會寫這樣的信，更不會把它寄出去。

一旦你寫了一封信，並把它寄到另一個人手上，那麼這封信就不再是你的個人財產了，而是為收信人所有，因此，他可以隨時把信的內容公開。如果他想要利用這封信件來對你進行惡意中傷以洩私憤，或者將其公之於眾以示清白，你只能束手無策。這個時候，如果你想保證信件中的內容不會遭到他人撻伐，或是受到道德上或法律上的指責，就只能全憑收信人的個人意志了。

如果你擔心自己所寫的內容被公之於眾，或者擔心信中的內容有可能違反道德和法律，那麼最簡單的方法就是，不要把信件當成表達個人想法、意見、感情、意志的媒介。其實，這種想法與日常生活中的許多諺語都不謀而合，比如「覆水難收」、「少說多做」等等。因此，如果必須寫信的話，一定不要寫

那些不該寫的內容，而且在這裡我還要加上一句自己的觀點，那就是「寫得越少越好」。

在很多情況下，不使用書信來表達意見，這才是明智、慎重甚至是禮貌的行為。例如，一封信函有可能導致一段長久友誼的破裂。如果你想要給別人寫信，那麼你就要作好面對不良後果的心理準備。假如你在這封信中使用了一些違反道德和法律的言辭，或者加入一些不太友好的內容，那麼收信人看到這封信後，很可能就會變得火冒三丈、怒氣衝天。但是，如果你當面告訴他自己在信中所寫的內容，你的言語可能會變得心平氣和，而他也很可能會冷靜地傾聽。因為在這種情況下，一個人無論是面部表情、語音聲調還是身體語言，都會顯得非常重要，避免了由於僅僅看到信件上的激烈言辭而想像出的對方的憤怒，這樣的話，一場令人不快的交流就會轉變為一次發自肺腑的交談，不但不會對任何人造成傷害，而且還可能化解彼此的誤會和隔閡。

這種口頭交流的方式要比收信與回信更加及時、更加高效。但是，當你收到他人的私人信件時，一定要記得回覆所有的信件，而且要把這個良好的習慣保持下去，因為這樣做就完全維護了你的個人尊嚴，也表現出了應有的禮貌和尊敬。與此同時，這種做法還可以讓你避免與人交惡，因此而留下遺憾，否則，當你後悔沒及時回信時，也只能是為時已晚了。如果他人在信中表現得和藹可親，那麼你的回信也一定要顯得彬彬有

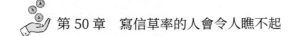

禮。反之，如果你對別人的來信不理不睬，這只能說明你態度傲慢、舉止粗魯，因為只有那些不懂禮貌的人，才會在聽完別人的問題後不作出任何回應。同樣，不對他人的信件進行回覆，這也只能說明你是一個缺乏教養的粗人。就像一個人穿著打滿補丁的衣服往往就代表經濟狀況不佳一樣，不回覆他人的來信，只能說明你是在有意傷害或故意羞辱來信的人。更為糟糕的是，如果給你寫信的人比你身分低微，而你卻沒有及時回覆，那麼別人或許會說你這個人自高自大、目中無人，也或許會說你是一個趨炎附勢、傲慢無禮的小人。

　　如果一個人沒有收到對方重要的回信，這時他就會感到異常痛苦。反之，如果你從來都沒有遇到過這種情況，那這本身就是一種幸福。雖然在大多數情況下，能否順利地收到回信並不會對我們產生太大影響，但是，如果一個人經常收不到他人的回信，他一定只會感覺十分痛苦，而不會因為方才在信中暢所欲言得到什麼快樂了。可以說，沒有哪個正常人會故意想要給別人帶來痛苦。正如塞內加爾所說，「只有懦弱的人才會對人殘酷」。當然，沒有人會主動想要成為一個懦夫，但是如果他人一致認為你生性殘忍、脾氣暴躁，那麼在他們眼中，你就已經可悲地淪為懦夫了。

第*51*章　電話交流的技巧

　　與客戶電話交流業務時，應預先彙整好自己的想法，每次談話應包含一個主題，力求條理清晰，言之有物，不能空洞，更不能無休止地扯閒話。要不斷總結，彌補過失，當反思的缺點大部分被改掉時，下一次，被拒絕的機率也會大大降低！

　　雖然這個話題很簡單，或者看起來很簡單，但還是存在這樣一個事實：在日常的商務交易中，成功獲得訂單的一流接線員並不多見。在通常情況下，大人物和商業巨頭都很難攻關。這就要求接線員不僅必須具備良好的專業素養，還要具備面對他人婉言拒絕的超強承受能力。

　　透過信件來做業務，這是商務往來中必不可少的方式之一，但是就某些項目來說，信函往往沒有任何效果。更何況，從實際上來講，這種情況並不是偶爾發生，而是時常發生。事實上，在我們從事大筆交易的時候，書信幾乎完全派不上用場。也許你會自信滿滿地寫一封文辭優美的信，在信中展示了本公司產品的巨大商業價值，列舉了本公司擁有的種種有利條件。然後，你自以為這封信很有分量，極具說服力，你認為某個高層一定會抓住這難得的機會來跟你合作，甚至你還會想，如果他們不接受你的這個單子，他們的利益就會受到極大的損

害。或許身為專業人士的你，還會致信給一家熟識你的公司，你甚至肯定地認為，憑藉他們對你的信任，你在信中提出的方案一定會被他們採用，或者至少會對你的信件表示出極大的興趣。然而，這一切都是出於你自己的想像。因為在你看來，這個單子會給他們帶來巨大的商業利益，如果他們沒有接受這個單子，那麼他們公司某些部門的工作將無法正常進行。但是，你卻忽略了最重要的一點：這一切不過只是你的「自以為」，並不能代表他們的觀點和看法。

　　所以，就算你的信件寫得再洋洋灑灑，身為收到來信的一方，他們往往並不會受到信件內容的影響。他們經常會一口回絕：不行！因為再沒有任何回覆比這更為簡單了。無論你如何再次寫信向他們施加壓力，或者利用這種方法干涉他們的日常工作，只要他們不想接受，都會對你的信件一口回絕。

　　對於一個精明的商人來說，他絕不會在初次碰壁之後就灰心喪氣。透過幾次電話交流，原來回信中的「不行」兩個字，很可能會奇蹟般地變成「可以」 —— 一個讓雙方都滿意的答案。一個成功的商人，常常在第一時間，將自己要提出或者採納的重要項目條理分明地寫下來，然後以信件的方式發給高階主管，之後再從中選取重點，親自致電那位高階主管。即使為了打通這個電話，他不得不徒步走上數十英里的路程，仍然不會輕易放棄，因為他就是那種憑藉自己不屈不撓的意志而獲得成功的人。

過了一段時間以後，許多曾經在信中一口回絕你的人，當他們再次接到你的業務電話，也許會又驚又喜地說：「哦，對了，很高興能夠接到你的來電，我正想和你討論一下我們即將開展的某些業務呢。因為我們認為，你正是我們所需要的最佳人選。」當你聽到這番話時，你就明白，這意味著你提出的專案具備了可行性，而且已經得到了肯定的答覆。這時候你再進行一番回顧，你就會意識到問題所在，也許你本人確實頭腦聰明、謹慎持重，但是在此前寫信的時候，你卻沒有對自己進行任何介紹，而僅僅是以公司名義寫的這封信。

　　對於有些公司來說，個人因素是商務安排中的重中之重，他們甚至不惜制定這樣的規則：在開始商務談判之前，必須與對方至少進行一次個人會面。就我所知，還有些公司定下了這樣的規則：只要不了解對方公司中的任何一個人，就應該禮貌回絕對方公司的所有談判。在這種情況下，你只有設法與這個公司的熟人聯絡，並且透過他來進行介紹，你才能獲得談判的機會。

　　在重要的交易中，如果我們把所有的希望全部寄託在書信上，這往往會引起重大失誤。人們很難對書信中描述的抽象概念感興趣。就像我們很難對一個素昧平生的人產生任何印象一樣。人們想要知道對方的態度，而這種態度往往來自於對方提出的商業建議。在你了解對方的情況下，你會在說出「不行」之前考慮一番，三思而後行。但是，倘若你必須對一個東西、一

個抽象的概念，或者某個素昧平生的陌生人說「不」，這就容易
得多了，而且，你的內疚感也遠遠不會像前者那樣強烈。

　　在言行舉止和習慣態度這兩點上，寫信者與收信者往往存
在著很大的差異。對於一封來函，你可以輕輕鬆鬆地拒絕，
以一種消極冷漠而又不乏禮貌的態度來表示，但是，如果是一
個陌生人突然站在自己面前的話，這種拒絕方式就難免顯得唐
突無禮了，因為你是一個慷慨大度、彬彬有禮、體諒他人的紳
士，所以你不能這麼做。兩封信本身只會有一個作用，只能產
生一個影響，但是寫信的人卻可以做很多事情。信件無法傳達
出其他的資訊，但是寫信者的外貌、語氣、姿勢以及言談舉
止，在某些情況下往往會產生意想不到的效果，這一點是信件
無法做到的。

　　另外，商務電話不僅對自己有利，也對對方有利。對於這
一點，很多人都會表示贊同，因為從商業的角度來講，他們對
那些來電衷心地表示感謝，因為正是這些來電，為他們提供了
至關重要的商業計畫或建議。如果一個人足夠聰明，他就應該
能夠準確地判斷，哪些是無用的資訊，哪些才是自己可以得到
的潛在資源 —— 無論是來電者本身，還是他們的立場以及經
驗，甚至是那些年輕人對成功的渴望 —— 這都是他們的潛在
資源。

　　關於商務電話，我們還要提到另一點。其重點不在於你所
打的那通電話，而是你要拜訪的那個人。如果你們的溝通十分

順利，那麼你的經濟效益也會隨之提升。很多商業上的成功正是源於這樣幾通簡單的電話。你也許會接到各式各樣、來自不同層級的人打給你的電話，而在這些人中，不乏精明優秀的員工、富於智慧的長者、年輕聰穎的新手，以及那些敏銳善察、銳意進取的優秀者。

從以上所有人的身上，你可以學到很多東西。也許你並不總是能得到肯定的答覆，有時候你也會得到否定的答覆，雖然後者代表著拒絕，但是這種拒絕卻自有其價值。至少你能夠清楚地認知到商務電話的重要性。

一個有很多機構的部門，往往在某些細節之處也極盡複雜，外派員工、代表、名目繁多的代理人，他們都各司其職，那麼，對於打電話的那些員工來說，他們的職責又是什麼呢？很顯然，在這些電話中，他們不僅是這家公司的宣傳員，而且還是這家公司的形象代表。

在商務會談中，我們的談話一定要開門見山、簡明扼要，盡量避免閒扯與會談無關的話題。要記得，對所有的商人來說，時間就是金錢。尤其是對於那些在商界地位很高、影響巨大的人士來說，時間更是寶貴。你可以不珍惜自己的時間，但對於別人來說，他們並不這樣認為。所以在打電話的時候，不要因為那些無關的話題而耽誤時間，不要雜七雜八地閒扯，要直截了當地切入正題，講明你的目的所在，並且讓這一目的始終貫穿在你的觀點之中。如果接電話的人岔開話題，那就說明

他有一定的警覺性，你可以暫時跟著他的思路走。但這並不代表你就失敗了，因為只要你能夠不失分寸，那麼就不會被他引的太遠。不過，總而言之，盡量不要讓他人引開你的話題，否則你不僅很難回到原來的話題上，而且很可能會功虧一簣。人們在對付來電者時，往往會選擇對方不太熟悉的話題，而一旦來電者接應了他們的話題，這就正中他們的下懷。因為這恰恰能夠顯示，接電話的人已經察覺了他們的意圖所在，但是卻不想輕易點明或貿然揭穿。這時，如果人們都能夠表現得誠懇一些、大度一些，可能結果就會更好，但是這種情況並不多見。只有當雙方都誠心誠意地想要進行合作時，他們才會略去那些無關的言語直奔主題。有時候，接電話的一方也許並不願意與你合作，但是卻沒有明確表示出來，那麼在這種情況下，打電話的形式就要比親自登門造訪更加妥當，因為你完全能夠抓住機會，及時終止這次商談。

當他們對你不慍不火、彬彬有禮的時候，其實他們已經開始設法截住你的話頭，好像他們想要抓著你的肩膀把你推出去一樣。一定不要等事情發展到這一步。如果你能夠明察秋毫，那麼你很快就會發現一些蛛絲馬跡，而一旦到了此時，就要立即結束商談。沒錯，如果你已經說清楚了自己想要說的所有內容，已經一絲不苟地表達出了你想要表達的意願，那麼這時，最明智的做法就是讓一切順其自然。對你來說，這只不過費一些唇舌而已。但是，如果他們採納了你的建議，並且認為這些

建議十分明智，那麼你的這通電話不僅不會有損自己的尊嚴，而且還會給他們留下一個良好的印象。反之，如果你的客戶並不打算採納你的建議，而且本身公務繁忙、頭腦敏捷，那麼對於你的這種一切順其自然的態度，他同樣會表示十分感激。

　　對於有些人來說，包括那些小有成就的商人，他們當然懂得時間的寶貴，而且都十分珍惜自己的時間。在工作之外，他們為人和藹、待人親切，與任何人都能談笑風生。但是在商場上，他們偶爾會一反常態，說出一些離題的話來。也許他們並不壞，如果他們只是偶爾為之，這種做法反倒有利於舒緩自己緊繃的神經，但是如果離題太遠，就會浪費他人彌足珍貴的時間。如果你的商務談判中出現了這種情況，那麼你就應該暗中縮短這次會談的時間，或者對他們進行暗示，讓談判的話題回到桌面上來。

　　在商務談判中，這種拋開主題、天馬行空的方式可以偶爾為之，但一定不要過於頻繁。如果你一直非常想要得到某個客戶的訂單，並且已經採取了相應的行動，透過多次電話預約，現在有機會與他見面商討。那麼，在這種情況下，如果你能夠在談判中首先閒聊幾句，一定會起到意想不到的效果，因為有許多成功的生意就是起於一次閒談，這種與生意毫不相干的聊天，往往也是一次商務會談的開篇。

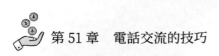 第 51 章　電話交流的技巧

第**52**章　能夠為他人服務就是最好的服務

　　億萬富翁是如何煉成的：為天底下所有的人服務，並滿足他們的需求。智者透過付出而不是索取來實現自身的存在價值。獲得自由就必須遵從，獲得成功就必須付出。記住，越低窪的地勢越能積蓄更多的水。

　　那些深諳人性本質的人告訴我們，如果一個人不懂得如何為他人服務，那麼這個人一定不適合做管理者。好的服務既對被服務者有幫助，也對服務人員的自身發展有好處。一個人到底能否實施好的服務，關鍵在於他是個什麼樣的人，他想成為一個什麼樣的人，他適合成為什麼樣的人。這一點不僅適用於服務者，對管理者也同樣適用。對於那些渴望由服務者轉變為管理者的年輕學徒來說，「服務」就是他們的必經之路。許多人在談論為他人服務時，總是認為它貶低了我們的尊嚴。在他們眼裡，不管是對接受服務的人還是對服務者本人來講，服務都發揮不了任何作用。正因為如此，他們才覺得，為他人服務是一件極其痛苦的事情。然而事實上，正確合理地為他人提供服務，既可以把我們與動物區分開來，又可以使我們脫離野蠻人的生活方式。可以這樣說，一個人的服務越是完美無私，那麼服務者的人性就越高大。

第 52 章　能夠為他人服務就是最好的服務

　　毋庸置疑，那些認為服務有辱人格而不願為他人服務的人，一定不是基督的信徒。對他們來說，即使引用這個世界上最偉大、最高尚的偉人的事蹟，也難以打動他們的心靈。對於這一點，給我們帶來希望、力量、關懷和信任的基督作出了很好的詮釋，是他為了我們的幸福生活，從天堂降臨人間，與我們一起生活，一起承受苦難，甚至不惜犧牲自己的生命。他一生的事蹟都值得我們學習。他之所以會來到我們中間，「不是來被服侍的，而是來服侍眾生的」，他的使命就是用自己的服務使人間變成天堂。儘管有些人能夠做到無私地施與他人，誠心地為他人謀福祉，但是無論他做得多好，只要他不能完全像基督一樣幫助人們提升自己的本性，那麼他就永遠都不能夠成為聖人，而只能盡量去接近神的境界。

　　讓我們從一個更低的層面來看待這一問題。就我們與和自己有生意來往的人雙方來講，我們之間一定存在著服務與被服務的關係。因此，凡是有人居住的地方，不管是好的方面還是不好的方面，或多或少都存在著這種關係。如果我們能夠十分冷靜地處理問題，不帶任何偏見地看待事情，我們一定可以看到：假如有一天，我們能夠完成世界上所有的事情，那麼服務一定會是最為行之有效的方法。就本職工作而言，一個人是否感到快樂，正取決於他完成事情的方式。所有人不可能都成為主宰者，所以，我們當中的絕大多數人必須成為服務者，而當我們為他人服務時，誠信就成了最為基本的問題，即我們是

否應該認真地完成這項工作。從這一點來看，社會上所存在的人與人之間的關係中，服務者與被服務者之間的關係，也就是信任與相信的問題。雇用我的人委託我盡最大的努力去完成工作，我也相信他會支付我一定的報酬。但問題是，報酬是什麼或應該是什麼，報酬絕不能與服務混為一談。報酬只與合約有關，唯一的問題是，我們是否應該誠實地履行這份契約呢？誠然，如果我們對這一點漠不關心，那麼也一定會對自己感到失望。

此外，在為他人服務時有如下一個原則，只有採取合理的行動，我們才能夠做好服務工作。也只有做到這一點，我們所提供的服務才是最好的服務。較之其他諸多我們能夠想到的原則，上述原則更加有利於我們的商業活動。在剛開始從商的時候，我們當中絕大多數人都懷有遠大理想，而最合乎情理的一個志向就是，有一天能夠掌握自己的命運。如果我們不能以一種正確的態度來看待服務，只是把它作為解決問題的權宜之計，而不是一種行為準則的話，那麼當我們自身的社會地位發生改變時，我們又有什麼權利去接受他人的服務呢？有什麼權利去希望獲得他人真誠的服務呢？如果我們身為服務者時沒有盡職盡責，那麼我們還能期望或者要求他人盡心盡力為我們服務嗎？關於這一點，雖然有很多東西可以講，但是這裡不再贅述。大量事實可以顯示證明，即便是從最低層面來看，服務也不會貶低任何人的價值。同樣，我們還可以看到，一個人的

誠信與服務緊密相聯、息息相關。當然，即便是那些對人與人之間的關係懷有偏激想法的危險分子，也不願意自詡為不誠實者。從高一級的層面上來看，與過去相比，如今服務已經變成了一件高尚的事情，能夠為他人服務就是最好的服務，因為只有當你對他人有所奉獻時，他人才會對你有所回報。

第53章　控制好突發事件

　　明智的商人無不具備控制突發事件的能力。若想避免「青黃不接」的現象出現，就必須加強與工作同伴的溝通，預定未來的事務安排，借鑑他人的高效規律，並適當調整自己處理事情的程序。在清閒的時候提早制定好預案，就能做到有備無患。

　　這一章可能與前面的內容有所關聯。它的主要目標是：為可能發生的事情或者即將到來的環境提供建設性的幫助。無論是在一個還是多個商業部門中，我們應該隨時考慮到，什麼事情可能會發生，並且同時為此作好準備，使這種未知性的事情變成人力可以控制的事情。當然，在實際生活中，有些人會認為這種事情永遠也不會發生。但是，如果它真的發生了，這未必是一件壞事，或者我們可以說，這反倒是一件好事。因為在此之後你只須做一件事，那就是進行籌畫安排。但是，還有另外一種可能，如果你沒有想到這樣的情況會發生，它卻出人意料地突如其來，這時，由於你在事先毫無準備，所以這種情況就變成了突發狀況，那麼它很可能就會對你造成困擾。也就是說，如果一個人突然遇到了緊急情況，那麼在他沒有作任何事前準備的情況下，事情就很難做好，或者說很難冷靜地對待面前的困難。正因為如此，我們才應該做到有備無患。

　　那些頭腦聰明的人，總是能夠慮及將來可能發生的事情，並且為了實現這種可能性而盡力創造有利條件。他們不僅總是努力工作，而且從來都不會放鬆警惕，因為他們總是在考慮將要發生的情況，期盼著未來可能發生的事情。儘管這些事情看似十分遙遠，但是在商業活動中，各式各樣的意外事故也時有發生。

　　如果你能夠養成經常思考將來、考慮可能會發生什麼事情的習慣，並且提前為這些事情作好充分的準備，那麼，你就不會把它們當成是一場災難。在商業活動中，如果一個商人能夠為那些將來可能發生的事創造條件，那麼他多半是一個頭腦冷靜、做事理智、心理平衡的人。同樣，這種人也一定十分勇敢。因為所有即將發生的事情，往往都充滿了不確定性和風險性，但是他的內心並不會因此充滿恐懼。與此相反，他會毫無畏懼地勇往直前，作好一切準備迎接將來，盡力把不確定性化為確定性。這才是一個真正的商人應該具備的素養，成功的商人應該下定決心征服困難，而不是屈服在困難之下。對於一個理智的人來說，他們總是會提前考慮到將來的種種可能，準備迎接商業活動中可能會遇到的一切情況。

　　事實上，這種做法不僅會讓你變得更加精明，而且還能幫助你培養起未雨綢繆的能力。在商業活動中，我們只有做到有備，才能無患。只有當你期盼自己的商品銷售得更多時，你才能夠為消費者提供更多產品。同樣道理，儲蓄也是一種未雨綢

繆的做法。身為一個商人，你不能花光自己的所有積蓄，而應該從中取出一部分儲存起來，以備將來不時之需。

在日常商業活動中，這種情況普遍存在。但是，從一般意義上來講，所謂有備無患，就是指對將來可能發生的事情有所預期，而這些事情很可能是一些突發事件，甚至是某些重大災難。如果真的出現這種情況，而我們事前毫無預防，就極有可能會處置不當，甚至對此束手無策，這就只會讓情況變得更加糟糕。

下面，我們就以工程師為例來說明這個道理。假如這些人在工作中突然發生了什麼事情，而他們對這件事情的處理結果就可以說明，哪些工程師能力較強，哪些業務平庸。我們都知道，越是不可能發生的事情，如果他做到了，也就越能證明這個工程師的能力非同凡響。我們經常會聽到人們說這樣的話，「我從來都沒有想過會這樣」，「我連做夢都沒有想過這樣的事情會發生」，如此等等。那些具有遠見卓識的英才之所以不同於庸庸碌碌之輩，就在於他們具有先見之明，他們總是能夠預想到即將發生的事情，並且提前為這些事情作好準備。因為在任何商業活動中，這種情況都有可能發生。

在前文中我們就已提到，對於一般人來說，想要做到未雨綢繆並不容易。但是如果做不到這一點，即便他們有著豐富的商業經驗，他們處理商業事務的能力仍然無法得到提升。然而幸運的是，正如一個人可以透過訓練來提升自身的修養一樣，

這種能力同樣也可以透過學習而獲得。本書的所有章節正是出於這樣一個目的：透過詳細的講解來提升一個人的商業素養。

　　只有當你做到這一點，做到在任何時候都能有備無患，你才會妥善地處理突發事件，才能更好地完成自己的工作。也許你們都還記得拿破崙曾經說過的名言，這些格言警句能夠激勵我們，促使我們立即採取行動。拿破崙在談到自己時說，他從來都沒想過如何去打敗敵人，而總是在考慮敵人的計畫是什麼，敵人打算做什麼。如果他能夠找出敵人的計畫，或者猜出敵人的想法，那麼他就會感到勝券在握。因為只有這樣，他才能夠在這個奮力拚殺的戰場上，甚至是在敵人的心理上，將他們徹底打敗。拿破崙從不懷疑自己的能力，他的最終目標就是找出可能發生的事情。對於年輕的商人來說，只要你用心去領悟這則故事蘊涵的道理，它就能夠為你帶來最有價值的東西。

第*54*章　誰是危險人物

　　騙你一次的人絕不會放棄第二次騙你的機會，對騙子不要抱任何幻想。靠貶低別人提升自己的身分，其結果就是暴露自己的無知與貧乏。讓危險人物不敢靠近你，必須有良好的素養和淵博的知識。記住，有限度地愛欺負，有節制地抵抗。

　　在本書的其他地方，我已經向大家指明了，倘若你時常與那些只知道鑽「誠信」空子的人相處，這無疑是一件極其危險的事情。如果鑽這個空子的人是一個受人尊敬的人，那麼他得手的機會就會變得更大。也就是說，一個人的名氣越大，他犯這種錯誤的危害性就越大。因為在很多時候，名氣和榮譽都可以成為一個人的防護罩，讓他有能力做自己想做的任何事情。只要他願意，他就可以任意妄為，因為他具備了那些缺乏經驗的新手難以匹敵的欺騙能力。

　　幸運的是，一般來說，這些神通廣大而又能力非凡的人很少去欺詐別人。更加值得我們慶幸的是，對於這一類人來說，他們幾乎都處在嚴屬的法律監管之下。這些法律條文可以被稱之為社會的「平衡」因素，正是由於它們的存在，我們這些社會大眾的利益才得到了保護，社會的和諧與穩定才得以保障。在那些有權有勢的人當中，有些人似乎把欺騙別人當成了生活

的唯一目的。他們不厭其煩地使用這種齷齪的手段，以此掠奪自己生意夥伴的財富。但是，只要有嚴格的法律存在，在商業中遭遇這種人的風險就可以降低。如果沒有這些商業法律，我們的社會就無法杜絕這種屢禁不止的欺騙行為，而我們的商業競爭就極有可能時刻處於一種不公平的環境之中。有許多人總是試圖掠奪社會大眾的財富，他們往往憑藉自己擁有的能力，蠢蠢欲動，不斷向貧苦大眾發起進攻。至於我們的社會大眾，他們絕大多數都對此渾然不知，既無法得到預先的警告，更沒有時間來武裝自己，因此就毫無反擊之力，只能任其宰割。從這些情況中我們可以看出，那些想要掠奪大眾的人不僅冷酷無情，而且還會不可避免地成為某種潛在的危險因素。

儘管存在這些危險因素，但幸運的是，這些有權有勢的人心裡清楚，自己無論做什麼事都必須十分小心，否則很容易就會走上犯罪的道路。他們明白，自己隨時隨地都處在他人的懷疑之中。而這種懷疑就像《舊約全書》中的大利拉（Delilah）一樣，可以剝奪他們手中的任何權利。但不幸的是，我們很難找到他們欺騙的蛛絲馬跡，因為他們往往能夠充分利用手上的資源來蒙蔽大眾。因此，就算是那些經驗老道的商人，也常常會被他們騙得團團轉。

但是，與此同時，公正的法律會來到我們身邊，幫助我們這些毫無經驗的人與那些剝削者打官司。它教會我們如何準備戰鬥、什麼才是正確的戰鬥方法，以免我們走太多彎路，並且

保證我們最終獲得勝利。

前文我已經提到，大眾對有權有勢者的懷疑，要遠比剝奪他們的權利更具有威力，因為這樣一來，我們就可以公然對其進行質詢與挑戰。而要想做到這些，首先需要有一個懷疑的切入點。我們可以從那些權勢人物的熟人中找到一些暗示。哪怕是再小的暗示，只要我們能正確地加以利用，並且訴諸正確的法律途徑，我們就能夠公開挑戰這些權貴人士。同時，我們也可以透過自己的能力，從這些權貴那裡獲得自己想要的暗示。一般來說，這些人都是依靠壓榨他人的腦力和體力成果為生。他們非常熱衷於了解他人的品性，以便於達到自己不可告人的目的。所以表面上他們把你當成朋友，非常關心你的疾苦，但是實質上，他們總是在暗中悄無聲息地陷害你，不知不覺地對付你。

然而，這些權貴人士對人性的認知往往會出賣他們自己。因為他們總是覺得自己對他人的想法瞭若指掌，於是總是對待他人過於熱情（當然這也是他們最好的選擇）。一般情況下，他們的這種做法都會得手，而那些可憐無知的受害者就會逐漸落入他們的陷阱。因為在這些受害者看來，他們當然能夠把自己的成功、財富和幸福，全權託付給關心自己事務、了解自己興趣的人。

但是，我們一定不要被虛假的表面現象所欺騙。記住，我們一定不能輕易信任那些對我們過於熱情的人。實際上，真正

的好人以及老成持重的人們在結交他人時，總是小心翼翼，他們不會輕易對素昧平生的陌生人提供物質幫助。我們完全可以透過這個方法，來檢驗這個人是否真的想要結交自己。一個真誠正直的人，不會在剛剛認識一個陌生人之後，就唐突地主動開口向他提供幫助。如果有人這麼做了，那麼他極有可能是對我們另有所圖。真正的友誼，不是兩三次會面就足以建立起來的。對於那些剛剛結識就過於親熱的人來說，無論他們再怎麼偽裝自己，都難以掩飾他們的真實目的。「投之以桃，報之以李」，他們當然不會無緣無故地給予你幫助。真正的友誼就像樹一樣，要慢慢地發芽，慢慢地茁壯生長。當你們經過長期的相處，相互了解並且逐漸培養起深厚的感情後，才會結出友誼的果實。當一個陌生人把一顆鑽石丟到你的腳下時，你一定要先假設這個鑽石是贗品。即使它是一顆真正的寶石，你也必須對此人行為的真正意圖表示質疑。

因此，當我們遇到這樣的事情時，必須小心謹慎。這些類似的跡象都在提醒我們，要認真考慮一下，這位剛剛認識一天的「知己」是否的確值得信賴，因為我們對他的身分背景知之甚少，甚至是一無所知。首先，我們應該對他的意圖表示質疑，並且盡可能少與他接觸。我對他的考驗無須很多，僅僅一個測試就可以達到目的。例如，透過和他的談話，我們就可以清楚地察覺他的意圖。當你和自己真正的朋友交談時，他總是會給你一些貨真價實的意見和建議；而你和這個新朋友進行交談時，

雖然他看上去非常誠懇，向你介紹了很多他自己的情況，但是他卻對你關心的問題隻字不提。從這一點上，我們就可以立即檢驗出他的本質，並且弄清楚實際上他什麼都不願意付出。

雖然這種考驗對他不利，但是卻能夠保證我們自身的利益不受侵害。對於這種人來說，他們一般都可以滔滔不絕地談上幾個小時，並且故意給我們留下一個值得親近、值得信賴的印象。在這些談話中，他最想讓你了解到的，就是相信他是個舉足輕重的貴人，他可以幫助你事業有成。然而在這幾個小時裡，他的一言一行除了自我標榜以外，再也沒有其他任何價值。可以說，他所說的內容一文不值，簡直是在浪費你的時間。面對這樣的人，我們一定不要給他想要的東西，也就是不要輕易地信任他。在別人沒有為他付出的情況下，他不會願意向別人提供任何幫助，哪怕是最小程度的幫助也不會。但是為了能夠得到你的信任，他會不擇手段。不過，最終這些人是否能夠施展自己的手段，就要看你如何選擇了。

在前面我已經說過，這種人一直都在等待一個機會，想要把你玩弄於股掌之間。因此，我們一定要對這些人多加留意。如果我們有了事先預警，那麼在後來與他們進行的商業競爭中，我們便會事先武裝好自己。至於怎樣得到預警，在前文中我們已經講過，這些方法一定會對你產生莫大的幫助。這些彌足珍貴的方法不是我們憑空創造的，而是長年商業經驗日積月累的結果。我相信，這些經驗一定值得你們信賴，因為它們

不僅行之有效，而且只要你有勇氣去加以運用，就一定能夠取得最終的勝利。要想與這些奸詐狡猾、不擇手段的強敵進行對抗，這的確不是一件容易的事情，因此，我們更必須擁有極大的勇氣。這些卑鄙小人往往不顧廉恥、不擇手段，他們個個口若懸河、經驗豐富，因此在我們的隊伍中，有許多堅強的鬥士都一度敗下陣來。對於一個正直誠實的商人來說，他絕不會在正當的商業戰場上使用那些卑劣無恥的手段。反之，對於一個土匪或者強盜，他就可以無所不用其極。我相信，在商業戰場上，我們很少遇到這些無恥之徒，但是退一步講，即使真的遇到了這樣的人，我們也應該像蘇格蘭人對待陰險狡詐的敵人一樣勇敢無畏，把他們看作是一隻色厲內荏的紙老虎。

第**55**章　防人之心不可無

　　權力是一把「雙刀劍」，用得好，則披荊斬棘無往不勝；用得不好，則傷人害己誤事。管理者往往都會放權給自己的得力助手，但放權不等於放任；成功的領導者不僅是授權高手，更應該是控權高手。否則，昔日的「心腹」可能就會變成「心腹大患」，管理者不再是放權而是退伍了。

　　對於初涉商界的年輕人來說，他們在歷經時間的打磨，透過經驗的累積和教訓的總結之後，會逐漸變得成熟睿智起來，多年之後，他可能會成為人們眼中的「成功人士」。隨著他的努力和付出，他的業務也會不斷地發展壯大，他的事業從最初的小本經營起，直到最終建立並經營大型的公司或企業。當一個人達到他想要抵達的最高目標時，他往往就會像古老格言中所說的那樣，「君主稱王，但不治理國事」。他會擁有對企業的統治權，但具體的管理和經營工作，就交給最值得信任的得力助手們。這種情況和《聖經》中亞伯拉罕的故事如出一轍，當亞伯拉罕還在古敘利亞的平原上統治當地人民的時候，他會將日常事務交給他最信任的僕人，同時也是最得力的顧問 ——「以利以謝（Eliezer）」。偉大的領袖亞伯拉罕有著這樣一個能幹的助手。正如諺語中所說，雖然他擁有統治權，但是並不需要事

必躬親。假如在管理公司時，我們只能向一個人詢問意見和建議，那麼這個人必定是在企業建立之初就盡心盡力的「以利以謝」。在一個公司中，你可能與許多才華突出的同事和上司相處融洽，可以肯定，他們一定會對你作出積極的評價。但是，如果想要獲得你所期待的職位，登上你所嚮往的高度，那麼你就必須確保這家公司裡的「以利以謝」對你印象良好。他對於你的評價，將對你的事業產生不可估量的影響。

　　然而，想要獲得「以利以謝」們的肯定和讚揚，首先就要以優異的表現完成自己的工作。當一個人發現，公司中真正管理各種事務的人實際上是那些「以利以謝」時，久而久之，他就會對公司真正的擁有者並不在意，轉而希望獲得「以利以謝」們的賞識。

　　一個企業的真正領導者之於公司，正如同上帝對於我們一樣，他是統治者，但並不干涉我們。我所熟識的成功商人都毫無例外地擁有幾個能力突出、人品高尚的「以利以謝」。他們無不擁有充滿魅力的人格力量，無不具備嫻熟的業務能力。所有大型的公司企業，都是由一些了解公司歷史、陪伴公司成長的元老創建起來的。他們非常清楚，對於一個公司而言，團結在公司領導者周圍的資深助理和顧問們是多麼重要。因為對於一個公司來說，需要各種不同角色的管理者，不同的環境和場合對管理者的需求會大相徑庭。沒有了得力助手的幫襯和輔佐，領導者就會寸步難行，面臨困境。他們也很清楚，公司的成功

在很大程度上要歸功於這些「以利以謝」的付出和奉獻。我們經常會聽到某個公司的總經理或創辦人在面對褒獎時說：「可以說，公司能有今天的成就，都是某某某的功勞，沒有他就不會有今天的成功。」在這種情況下，領導者對於「以利以謝」們的付出是一清二楚的，因此，他們才會將成功歸功於助手們的工作。可見，在一個公司中，「以利以謝」們擁有著萬人之上的地位，甚至還有一種可能，那就是：「以利以謝」才是公司真正的掌權者。

　　然而，也有與上文不同的情況，在一家公司企業中，公司的領導者並不依賴「以利以謝」們管理業務，而是自己親自創建或發展，依靠自己的力量經營日常業務。然而，這樣的人也仍然離不開「以利以謝」們，因為「以利以謝」們是領導者不可或缺的得力助手，他們總是會被委以重任，承擔諸多責任。當領導者在場時，他們就是熟練敏捷的副手；當領導者不在時，他們就會表現出傑出的領導能力，展示出過人的管理才華。因此，對領導者而言，這樣的助手就是他的左膀右臂，能為他排憂解難，能與他共渡難關。然而即使是這樣，身為「以利以謝」，本質上也只能為領導者服務，他們只有在牢記自己本職工作的前提下，才能夠獲得雇主的讚賞和信任。不幸的是，有些助手往往會忘記他們「服務者」的身分，轉而超越自己的許可權，處處展示自己的領導權。很多人甚至成功地做到了這一點，他們反客為主，成為領導自己上司的篡位者。領導者們曾

經的得力助手，最後卻成為讓他們身陷絕境的罪魁禍首。

我們不禁要問，這一切都是怎樣發生的？「以利以謝」們是什麼時候發生變化的？「以利以謝」們既不會在一個月或者一個星期之內發生變化，也不是突然之間就墮落到了道德底線以下。實際上，就連他們自己都可能並沒意識到，自己最後會變成違背良心、出賣主人的不義之徒。相反，他們是在潛移默化的影響中，最終成為了不忠不義的惡棍，而導致這些變化發生的人至少有兩位，其中一位就是公司擁有者本身。

我可以想像得到讀者朋友們的驚訝，這怎麼可能呢？世界上怎麼會有主人教唆自己的僕人背叛自己？實際上這個原因不難解釋。即便在《聖經》中，上帝早已在這一方面對我們有所告誡。上帝曾經勸誡我們，應該「像鴿子一樣與人無害」，也就是說，我們不能存有害人之心；但是與此同時，我們也應該像「毒蛇」一般心存戒備，以免受到傷害或者傷害他人。在對待親信這件事情上，我的建議非常簡單，同時也非常堅定：你可以對自己的「以利以謝」深信不疑，但是卻不要過於信任。無論在什麼時候，你都可以表現出對他們的絕對信任，告訴他們，你相信他們絕不會做出過分的舉動，更不會背叛你。然而實際上，你的直覺會在潛意識中告訴你，任何人都不值得你完全信任，因為這就是人的本性。我們都會對誘惑有所心動，很多時候，我們之所以能夠保持忠貞，只是因為那些誘惑還沒能打動我們。而一旦遇到最讓我們嚮往的誘惑對象，有些人就會將忠誠拋之

腦後。

　　因此，如果想要保持和「以利以謝」們的良好關係，想要維持「以利以謝」們對自己的忠誠，最好的辦法就是不要過於信任他們。首先，在這個世界上，很少有人總是形單影隻，一個人或多或少總會有自己的家屬和親人必須照顧，因此，為了能夠更好地對自己的親朋負責，我們應該學會適當地保護自己。退一步說，假如沒有可以依附的對象，一個人也應該對自己負責，而不能將自己的命運和生活隨便交給自己的助手們。最後，出於對那些「以利以謝」負責任的態度，我們更不能對他們給予過多信任，將他們置身於各種誘惑之中，最終誘使他們犯下令他們悔恨一生的錯誤。

　　在寫下以上文字的同時，我相信，這些已經能夠清楚地顯示我的觀點。對於這個問題的論述，我希望自己能夠簡明扼要。但是，這一道理所蘊涵的深意，是每一個年輕商人都應該認真思考的。

　　實際上，類似的例子屢見不鮮，「這就是生活，真實的生活」。「以利以謝」們最終都會絕望無助地祈求，祈求自己的上司原諒他們的過錯。前不久，一位富商在頃刻之間就失去了自己所有的財產，他曾經資助過很多慈善事業，也曾經悉心地照顧自己的家人朋友，幫助其他需要幫助的人們，但是由於那些「以利以謝」們的出賣，他很快就喪失了幫助他人的能力，甚至連自己都難以保全。事情過後，當他反思自己的言行時才追悔

莫及，因為是他自己給予了「以利以謝」們過多的信任和權力。
在這裡，我並不想要宣揚性惡論，鼓勵大家相互猜忌，相反，
「絕對的信任」是一種狹隘而缺乏科學根據的說法，因為真正
的信任應該建立在謹慎和觀察之上。年輕的讀者朋友，請你們
千萬不要忘記，只有經過調查和思考，切實了解自己將要委以
重任的對象，然後才能將自己的信任給予他們。害人之心不可
有，防人之心不可無，正如《聖經》中所說的那樣：像鴿子那樣
與人無害，像毒蛇那般時刻警醒。

電子書購買　爽讀 APP

國家圖書館出版品預行編目資料

神祕富商的「踏實」致富術：勇於嘗試失敗、適當表達妥協、平衡人際關係……你以為老生常談的箴言，就是在商場立足的關鍵！ / 年邁的富商（An Old Man of Business）著 秦搏 譯. -- 第一版 . -- 臺北市：財經錢線文化事業有限公司 , 2023.10
面；　公分
POD 版
譯自：Brief counsels concerning business
ISBN 978-957-680-668-1(平裝)
1.CST: 職場成功法 2.CST: 商業管理
494.35　　112013115

神祕富商的「踏實」致富術：勇於嘗試失敗、適當表達妥協、平衡人際關係……你以為老生常談的箴言，就是在商場立足的關鍵！

臉書

作　　　者：年邁的富商（An Old Man of Business）
翻　　　譯：秦搏
發 行 人：黃振庭
出 版 者：財經錢線文化事業有限公司
發 行 者：財經錢線文化事業有限公司
E - m a i l：sonbookservice@gmail.com
粉 絲 頁：https://www.facebook.com/sonbookss/
網　　　址：https://sonbook.net/
地　　　址：台北市中正區重慶南路一段六十一號八樓 815 室
Rm. 815, 8F., No.61, Sec. 1, Chongqing S. Rd., Zhongzheng Dist., Taipei City 100, Taiwan
電　　　話：(02)2370-3310　　　傳　　　真：(02) 2388-1990
印　　　刷：京峯數位服務有限公司
律師顧問：廣華律師事務所 張珮琦律師

-版權聲明

本書版權為出版策劃人：孔寧所有授權崧博出版事業有限公司獨家發行電子書及繁體書繁體字版。若有其他相關權利及授權需求請與本公司聯繫。

未經書面許可，不可複製、發行。

定　　　價：375 元
發行日期：2023 年 10 月第一版
◎本書以 POD 印製
Design Assets from Freepik.com